数据驱动的计算育种关键技术研究

闫燊 周国民 胡林 著

中国农业科学技术出版社

图书在版编目（CIP）数据

数据驱动的计算育种关键技术研究／闫粲，周国民，胡林著．--北京：中国农业科学技术出版社，2022.9
ISBN 978-7-5116-5902-6

Ⅰ.①数… Ⅱ.①闫…②周…③胡… Ⅲ.①数据处理-应用-育种-计算-研究 Ⅳ.①S33-39

中国版本图书馆 CIP 数据核字（2022）第 164450 号

责任编辑	张志花
责任校对	王　彦
责任印制	姜义伟　王思文

出 版 者	中国农业科学技术出版社
	北京市中关村南大街 12 号　　邮编：100081
电　　话	（010）82106636（编辑室）　（010）82106624（发行部）
	（010）82109709（读者服务部）
网　　址	https://castp.caas.cn
经 销 者	各地新华书店
印 刷 者	北京捷迅佳彩印刷有限公司
开　　本	170 mm×240 mm　1/16
印　　张	6.75
字　　数	130 千字
版　　次	2022 年 9 月第 1 版　2022 年 9 月第 1 次印刷
定　　价	45.00 元

前　言
PREFACE

种子是农业的"芯片"，一粒种子可以改变一个世界。育种是农业的源头，是一切动植物栽培和生产过程中最重要的生产资料，是粮食增产、农民增收的重要保障。长期以来，我国育种行业大而不强，至今仍存在大量"卡脖子"环节。2021年中央一号文件指出，要"打好种业翻身仗。农业现代化，种子是基础。"2021年7月，习近平总书记在主持召开中央全面深化改革委员会第二十次会议时强调，"把种源安全提升到关系国家安全的战略高度"。这些都对我国育种技术发展提出了更高要求。

当前，一方面，农业科技研究已经进入数据密集驱动下的第四范式时代，育种作为整个农业的核心，与数据的关系愈发紧密；另一方面，全基因组选择育种、分子模块设计育种等新一代育种技术，与大数据分析计算的关系愈发紧密，离不开计算育种的背后支撑。因此，本书从数据驱动的计算育种关键技术不同领域入手，对发展脉络进行梳理，并对部分关键技术进行了创新性探索和阐述。

目 录

CONTENTS

第一章　概论

第一节　发展计算育种的背景和意义

一、计算育种的产业背景

1. 粮食安全和农业发展离不开育种科技的持续进步

习近平总书记指出："我国有 13 亿人口，只有把饭碗牢牢端在自己手中才能保持社会大局稳定。"在"十四五"时期，我国人口多耕地少的基本形势不会改变，粮食安全形势依然长期严峻。良种，作为粮食高产稳产的重要前提，为国际粮食单产水平提高贡献了 60%～80% 的驱动力，是保障我国粮食安全的重中之重。随着我国人民生活水平的不断提高和国际形势的不断变迁，为保证粮食安全，据测算，截至"十四五"末期，我国粮食单产需超过 430 千克，这就需要我国粮食单产年均增幅持续超过 1.5%。而除粮食作物外，经济作物的品质、效益，同样与良种水平息息相关。这些实际情况，要求持续改良种子，育种科技持续进步。

育种技术关乎我国粮食安全和农业发展，党和政府高度重视。"藏粮于地、藏粮于技"成为我国重要国策，"十四五"规划中明确提出，"强化农业科技和装备支撑，提高农业良种化水平"，并将"生物育种"与"人工智能、量子信息"等并列为 8 个前沿领域，要求"实施一批具有前瞻性、战略性的国家重大科技项目"。随后，2020 年中央经济工作会议明确提出，"要尊重科学、严格监管，有序推进生物育种产业化应用。要开展种源'卡脖子'技术攻关，立志打一场种业翻身仗。"

2021 年，中央一号文件提出，"打好种业翻身仗。农业现代化，种子是基础。加强农业种质资源保护开发利用，加快第三次农作物种质资源、畜禽种质资源调查收集，加强国家作物、畜禽和海洋渔业生物种质资源库建设。对育种基础性研究以及重点育种项目给予长期稳定支持。加快实施农业生物育种重大科技项目。深入实施农作物和畜禽良种联合攻关。实施新一轮畜禽遗传改良计划和现代种业提升工程。尊重科学、严格监管，有序推进生物育种产业化应用。加强育种领域知识产权保护。支持种业龙头企业建立健全商业化育种体系，加快建设南繁硅谷，加强制种基地和良种繁育体系建设，研究重大品种研发与推广后补助政策，促进育繁推一体化发展。"党和国家对育种科技的反复强调，充分说明了育种科技发展的重要意义。

2. 快速积累的育种科学数据助推遗传育种实践革命性变革

现当代育种技术（尤其是生物技术的应用）的发展，使作物育种数据呈现了信息爆炸，所获得的育种数据不再局限于单一的田间性状调查结果，同时还存在土壤气候水分等动态环境数据、基因表达及分子标记等基因型数据、代谢物动态数据以及生产管理数据等。数据的膨胀推动了育种理念的革新，数字化育种日益火热。其定义为"通过对广泛的动态育种数据的标准化管理和分析，对育种材料综合属性进行自动数据处理，对育种材料进行遗传距离和类群分析，对杂种优势进行预先判定，对育种有关的环境因素、田间试验等数据加以考虑，按需选择育种结果"。由于育种数据的膨胀，借鉴这种育种方式理念，提高育种的目标性、准确性和育种效率，基于数据的育种革命呼之欲出。

我国已有 8 000 年以上的禾谷类作物栽培历史，相关的育种知识对全球产生了重要影响。20 世纪 90 年代我国作为发起国之一，参与了"国际水稻基因组计划"，相继完成了粳稻第 4 号染色体的测序和籼稻"93–11"基因组精细图谱，并在科技部 973 计划水稻功能基因组的支持下，水稻重要农艺性状解析取得了长足进展。此外，在国家重点研发计划"七大农作物育种专项"、中国科学院战略性先导科技专项"分子模块设计育种创新体系"等一系列重大项目的支持下，水稻、小麦、大豆、鱼类等动植物的基因组和复杂性状数据，以及分析计算方法快速发展。目前，我国已经完成了一系列重要农作物的基因组从头测序，一批重要种质资源的重测序，建成了水稻、小麦、谷子等多个作物的遗传育种数据库，初步在主要农作物育种上达到国际先进水平，形成了"水稻育种一枝独秀，小麦育种国际争雄，玉米育种迅猛追赶"的格局。

3. 计算育种已经成为产业发展的重要潮流

20 世纪以来，受益于经典遗传学、分子遗传学的发展，育种也同其他多种

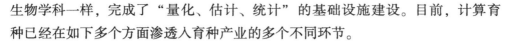

生物学科一样，完成了"量化、估计、统计"的基础设施建设。目前，计算育种已经在如下多个方面渗透入育种产业的多个不同环节。

（1）育种材料的保护和评价

育种材料，也叫种质资源，是育种一切活动的核心。育种活动建立在对育种材料的了解和利用的基础之上。目前，育种材料的保护和评价，已经与计算育种深入结合。例如，借助分子标记与抗性预测算法，可以实现对中间材料抗性的快速预测，而不需要进行大规模的栽培和鉴定实验；又如，通过对育种材料杂交配组后子代表型的统计和计算，从而进一步对育种材料的配合力等遗传学指标进行估计，这些都离不开计算育种的参与。

（2）育种群体的构建和利用

在育种群体的构建和利用上，计算育种与群体构建方法深度融合，实现了群体规模的预设计，从而确保了投入规模与构建目标的平衡。尤其是在基于群体进行 QTL 作图、图位克隆等研究工作中，计算育种是群体利用和挖掘的核心环节。

（3）育种方法的选择和实施

在育种方法的选择和实施上，不仅在传统的杂交配组优化、关键亲本选择、杂交方案设计等方面，进行了计算，而且在分子标记辅助育种、全基因组选择育种等新型育种手段上，极为依赖计算育种相关技术。例如，全基因组选择育种必须充分计算选择位点，才能获得良好结果。此外，在分子育种和基因编辑育种等新兴技术方法上，也需要通过计算确定需要转入/编辑的目的基因，才能实现。

二、数据与计算的融合将成为未来主要发展趋势

1. 下一代育种产业将成为国际农业科技与经济竞争的焦点

基因编辑、高通量测序等技术的快速应用，带动了种业加速创新。同蒸汽机、矮化育种、互联网等重要技术进步带来的影响一致，下一代育种产业标志着国际农业科技与经济竞争进入新时代。在增加作物产量、增强作物抗性、提升作物品质等方面，下一代育种都表现出了巨大潜力。从人类社会供需上看，不断增长的人口和经济发展水平，加剧了全球粮食安全领域的危机，也对育种水平提出了更高要求。从经济角度来看，全球种业市场的潜在规模和成长性给育种企业及其供应链带来了前所未有的机遇。预计到 21 世纪中叶，这一市场的规模将达到万亿美元，这不仅为育种企业提供了巨大的商机，也对整个经济生态系统产生了深远的影响。杜邦先锋等大型国际种业巨头，不断在育种技术上加码，使竞争日

益严峻。一方面来说，欧美发达国家希望借助已有的技术优势，在未来巩固加强自己的"护城河"，保持竞争优势；另一方面来说，印度等发展中国家则积极押注新技术，期望利用技术迭代的过程抢得先机。

2. 我国育种产业已经进入弯道超车的机遇期

相对于杂交育种、分子育种中，我国完全处于追赶地位，目前我国的育种科技已经与国外差距较小，正进入弯道超车的机遇期。我国科学家选育出的"嘉优中科 1 号"等优良性状品种、完成的水稻 3K 数据测序等开创性工作，已经构建了赶超世界科技前沿难得的突破口。深挖计算育种技术，突破计算育种的瓶颈，弥补当前技术体系短板，将促进我国生物育种技术从跟随者到领跑者的转变。

目前，我国主要的粮食作物、经济作物和家禽家畜都已经完成了全基因组从头测序，并逐步进展至功能基因组和泛基因组时代。我国科学家熟练掌握的遗传转化、基因编辑、大规模蛋白文库、高通量蛋白组等一系列先进技术，提供了数据采集和试验技能基础；而基因组共线性分析、通路富集、GWAS、表型预测模型等先进的大数据分析技术，则提供了数据分析和挖掘的基础。这一系列科技成就大幅提高了育种效率，为数据驱动的计算育种技术的发展带来了新的机遇。

3. 育种的自动化趋势日趋明显

随着大数据和云计算技术的长足发展及广泛应用，遗传育种研究和工程实践在近年呈现出自动化智能化的发展趋势，数据驱动的计算育种也愈发重要。

首先，育种数据支撑由单点化向平台化发展。动植物育种研究需要大量的数据支撑，近年来出现了一些优秀的育种数据支撑平台，为育种科学家提供了必要的基础数据，如谱系查询、同类育种数据筛选、基因数据和通路数据查询等。长沙百奥数据有限公司创建的百奥云育种数据平台就是一个典型代表，该平台提供大量作物品种的组学数据查询；GenBank 是美国生物信息中心（NCBI）维护的一个生物信息学平台，提供核酸序列和基因型数据查询，同时提供大量基因文献查询；WikiPathWay 是十分典型的通路数据平台，提供大量基因通路和相关信息的查询。这些育种数据平台的产生极大地方便了计算育种的自动化发展。

其次，育种平台数据服务由查询检索向自动化数据分析软件工具演变。随着育种数据平台的发展，平台逐渐开始提供针对特定场景的数据计算工具，以自动处理育种过程中所需的大量数据分析工作。如百奥云育种数据平台推出一系列在线育种数据分析服务，除了可以提供 BLUP 值计算、地理适应性推断、性状稳定性分析、育种数据报告自动生成等组学数据分析服务，还可以提供田间水、肥、温度管理和分析、空间校正等品种验证和实验过程中的数据服务。自动化的数据计算软件大大提高了育种研究进度，增强了基因、表型、环境互作分析能力，降低了实验失败风险，极大提高了育种成功率。

最后，随着物联网技术和人工智能技术的发展，育种目标智能设计、育种实验室自动化管理、育种数据智能分析、田间实验自动化管控和采集成为新的发展方向和研究热点。随着对于基因和通路的研究越来越深入，基于组学大数据的自动化育种设计将成为可能；在物联网技术、计算技术和人工智能技术的加持下，自动化的设备设施硬件和智能化的软件相结合，育种基础实验和验证试验中的自动化成分也将越来越高。育种终将成为以海量组学数据为基础，以自动化软硬件和智能算法为主要工具的一项研究和实践工作，即数据驱动的计算育种指导育种实践。

4. 农业育种数据计算软件迅猛变革

目前，农业育种数据计算软件变化迅猛，新软件、新算法层出不穷。总体呈现出以下趋势。

（1）从单一尺度到大数据尺度的跨尺度挖掘计算

过去，针对新基因和基因组合的挖掘方法大多运用于免疫组化、荧光定量PCR等实验所产生的单一基因尺度数据。而随着技术发展，尤其是随着各主要作物、各重要育种材料全基因组图谱的不断丰富，以及高通量测序技术的发展，不同尺度的数据不断积累，从 KB 级别的单一基因尺度，到 MB 级别的连锁图谱尺度，到 TB 级别的全基因组尺度，以及 PB 级别的泛基因组尺度，针对不同尺度的数据，诞生了不同挖掘工具和挖掘方法，形成了跨尺度挖掘计算的发展趋势。

（2）从微观关系推理宏观表型的跨层面推理计算

随着技术不断发展，尤其是组学技术对分子生物学、作物遗传育种科学技术的融合促进，使得分子生物学原理对作物表型的解释能力越来越高。在这种情况下，科学家构建起了"基因元件-基因-分子模块-多模块组合-复杂调控网络-性状"的完整模型，实现了从微观的基因元件到宏观世界的作物表型之间的跨越。对宏观优良表型背后的基因型的挖掘，以及从基因型到表型之间的预测，都是育种数据跨层面推理计算的实际应用。

（3）从单模型到多种模型组合的跨模型分析计算

育种数据是多维复杂数据，尤其是基因数据数量大、复杂程度高。单一模型已经不足以满足数据分析和挖掘的需求。目前，为了实现对数据的挖掘，尤其是在育种中涉及的组学数据中挖掘关键基因或分子模块，科学家大多开始使用多种模型相互组合。例如，首先使用经典的田间统计模型寻找表型差异，然后对相应材料的组学数据，通过德布罗意图、超几何分布等多种模型进行处理，寻找可能存在的关键序列，并使用 HMM 等模型进行后续分析。而为了满足基因和表型数据的联合分析需求，多种 GWAS 模型、WCGNA 模型也被创造出来。这些模型的组合使用，表明育种数据的挖掘已经迈入跨模型分析计算阶段。

三、发展数据驱动计算育种的必要性和紧迫性

当前，世界农业面临的主要的挑战是解决近中期的粮食和食品短缺。一方面，由于气候灾害频发、环境污染等问题，栽培措施和基础环境改善速度有限；另一方面，人口和生活水平持续上升（预计到 2050 年将达到 90 亿人口），粮食消费持续上涨。按目前的产量趋势，无法保证粮食供求达到平衡。因此，研究人员必须采取新的策略来加快作物育种，以提高产量。因此，育种开始全面向 4.0 进步。这就要求在当前育种 3.0 的基础上进一步发展，向 4.0 进发。

育种 4.0 是针对育种技术进程提出的新概念。在育种 4.0 时代下，从育种操作到数据计算都体现出新的技术特征。在育种操作层面，体现为基因编辑等新方法带来的基因组精准定向改变；在数据计算方面，体现为向数据驱动的计算转变。

1. 育种 4.0 亟须数据挖掘和分析的自动化工具

随着育种 4.0 的不断发展，科学家提出新的发展方向，即通过对已有基因组进行扫描检测，从而获得基因组的海量信息。利用这些信息并结合云计算技术，快速、准确地预测杂交群体中哪一个体是聚合众多优良基因的个体。同时也可以根据育种科学家的需要，高效预测现有推广品种中所遗缺或者需要改良的基因组合，为育种科学家培育理想品种提供最佳育种策略和方案。

虽然这可以进一步强化育种的目的性，进一步优化品种性状，但是其严重依赖于育种科学家对于基因组数据等育种科学数据的储备。目前，已知优势基因和基因组合的发现与利用依然依赖于科学家人工组织多种工具进行挖掘，在海量基因组数据中挖掘新基因，或者寻找组合，需要育种科学家具有极高的专业素养和数据分析能力，这大大提升了育种 4.0 的应用门槛，限制了其发展速度，成为技术发展的瓶颈。亟待开发育种 4.0 时代的自动化分析计算软件，实现育种的计算机辅助。

2. 当前数据资源的积累速度已经超越计算挖掘的速度

目前，得益于计算机科学和育种科学快速发展，育种科学数据快速积累。据统计，目前国内每年新产出的育种数据超过 500PB，然而，受限于人工分析的效率和门槛，以及这些数据绝大多数仅用于特定方向分析，仅有极少部分用于挖掘新基因或新模块。未经分析计算的数据大量沉积，形成大数据时代下被荒废的数据富矿。若不形成自动化计算工具，提升挖掘效率，未来数据沉积的情况会愈发严重。

四、数据驱动计算育种的基础条件日益完备

我国始终大力支持生物育种产业，在生物育种科研领域持续投入大量资源，已经具有较好的研究基础。自 1998 年，作为主要发起国之一，参与国际水稻基因组测序计划起始，我国陆续完成了粳稻（日本晴）第四号染色体精准测序，超级杂交稻亲本籼稻品种 9311 的全基因组测序；小麦 A、D 基因组的全基因组测序工作。建成了包括水稻大型突变体库、全长 cDNA 文库、全基因组表达谱芯片等大型功能基因组研究平台。水稻、玉米、小麦的转录组、蛋白质组、代谢组、表型组等系列"组学"平台，分离克隆了一大批控制水稻、小麦、玉米等粮食作物高产、优质、抗逆和营养高效等重要农艺性状基因，构建了涵盖 3 000份水稻材料的 3K 数据库。可以说，在我国开展数据驱动计算育种的基础研究资源已经较为充足。此外，在国际上，虽然美国 NCBI 仍是国际农业遗传育种数据的核心，但欧洲 EMBL、日本 DDBJ 也存储了部分遗传育种数据。得益于在国际上影响力的提升，以及信息化时代国际科学公共基础设施建设的完善，我国可以快速通过网络共享调度这些数据，进而服务数据驱动的计算育种研究和应用。

第二节 数据驱动计算育种的概念

一、核心概念

数据驱动的计算育种是研究如何以数据为核心进行加工计算，从而智能辅助育种家进行材料评价、基因型设计、手段优化，进而提高育种自动化和智能化水平，实现智能辅助和定向育种的一种方法。它将过去面向单个育种环节的计算分析思路，转为面向育种数据的全流程处理，从而能够降低计算育种门槛，并实现

对育种全流程的覆盖性支撑。

二、范畴

数据驱动的计算育种是计算育种发展到今天，为了满足育种 4.0 要求，在数据科技、计算机科学、生物信息学新技术新知识支撑下产生的新形态。传统的计算育种发展到今天，在快速定向繁育新品种的目标下，已经无法满足对育种全流程进行支撑的实际需求，因此，计算育种也顺应时代进行了进化。数据驱动的计算育种，通过将研究范式从过程转为数据，从而能够做到对育种全过程数据计算的覆盖式支撑。

三、定位

1. 数据驱动的计算育种属于现代农业工程与技术科学

现代农业工程与技术科学，是使用现代工程与技术科学的思维和手段，解决农业问题的当代科学。2021 年，习近平总书记在两院院士大会上提出，"现代工程和技术科学是科学原理和产业发展、工程研制之间不可缺少的桥梁，在现代科学技术体系中发挥着关键作用。必须大力加强多学科融合的现代工程和技术科学研究，带动基础科学和工程技术发展，形成完整的现代科学技术体系。"数据驱动的计算育种具有明确的目标性、应用性和综合性，而这些都属于现代农业工程与技术科学的特征。

数据驱动的计算育种的目标性，体现在数据驱动的计算育种是鲜明的目标导向，科学家首先根据育种中难以解决的实际计算问题设定目标，然后开发对应的计算育种工具和方法，这些工具和方法的进步反过来推动科学进步，使科学家可以设定更高目标，解决更加复杂的问题。数据驱动的计算育种的应用性，体现在其本身就是解决育种理论支配实际育种行为中的困难。其综合性体现在属于多种学科、多种知识的综合，解决的科学问题也属于复合型问题。

2. 数据驱动的计算育种是生物信息与遗传育种的交叉学科

数据驱动的计算育种是生物信息学发展到了一定阶段产生的交叉领域。首先，其既依赖于生物信息学提供的各种研究工具，例如，基本的 BLUP、blast、mapping 算法等，又有赖于生物信息学产生的研究模式。必须承认，正是生物信息学，带动了包括农学和医学在内的整个大生命科学领域向数据驱动转型。其次，数据驱动的计算育种解决的是遗传育种的实际问题，也依赖于遗传育种学科积累产生的海量基础知识。无论是一系列作物群体遗传分析方法，还是表型组学驱动下的材料鉴定，都诞生在实际的育种场景之下。

3. 数据驱动的计算育种是计算科学的场景应用

数据驱动的计算育种依赖于计算机软硬件的进步。可以说，没有 Mapreduce 等一系列大数据技术的发展，以及集成电路和网络技术驱动的高性能计算的迭代，计算育种无法支撑海量数据的存储和计算需求。在数据驱动的计算育种领域中，主要使用的研究设备与计算科学基本通用，都是计算和网络设备；使用的操作工具也是各种编程语言，也与计算科学一致。因此，假如以研究工具的视角来看，数据驱动的计算育种是计算科学的场景应用。

四、研究边界

1. 数据驱动的计算育种不能解决育种 4.0 的所有问题

必须承认，数据驱动的计算育种仍然专注于数据分析和计算层面的问题，育种 4.0 是一项系统工程，无法仅通过数据驱动的计算育种实现。在新的基因编辑手段、新的育种材料创制、新的育种方法开发中，数据驱动的计算育种都会发生作用，但发生作用的程度仍要依赖于田间工程、遗传育种理论和生物技术的进步。

2. 数据驱动的计算育种建立在对经典计算育种手段的继承之上

数据驱动的计算育种中，虽然从传统的面向育种过程转向了面向数据，但是这并不意味着就会抛弃过去积累下来的大量经典算法、工具，完全另起炉灶。例如，经典的 HMM 算法、blast 算法等，已经多年优化，这些算法将以工具或者模块的模式在数据驱动的计算育种中持续发挥作用。因此，数据驱动的计算育种将更多专注于过去缺失工具的创造和优化，以及全流程工作框架的构建。

参考文献

边秀秀，李志兰，任红艳，等，2012. 我国大麦产业发展现状和遗传育种研究重点趋势分析 [J]. 生物技术进展，2（5）：309-314.

陈玲玲，李战，刘亭萱，等，2022. 基于 783 份大豆种质资源的叶柄夹角全基因组关联分析 [J]. 作物学报，48（6）：1333-1345.

关博文，陈庆山，武小霞，等，2022. 大豆遗传育种中全基因组关联分析的

应用进展 [J]. 黑龙江农业科学 (4)：94-99.

郭庆华，杨维才，吴芳芳，等，2018. 高通量作物表型监测：育种和精准农业发展的加速器 [J]. 中国科学院院刊，33 (9)：940-946.

赖文昶，黄森豪，祁成民，等，2022. 生物技术在水稻育种中的应用初探 [J]. 种子科技，40 (9)：34-36.

李杰，2021-10-25. 提升科创能力　建设种业强国 [N]. 中国县域经济报 (1).

李曙光，2017. 大豆巢式关联作图群体 QTL 定位方法的优化并用于开花期与籽粒性状的遗传解析 [D]. 南京：南京农业大学.

廉雨乐，2021. 小麦育种现状及未来方向 [J]. 农业开发与装备 (1)：124-125.

吕凤金，2006. 植物新品种保护对我国种子产业的影响研究 [D]. 北京：中国农业科学院.

马淑萍，2021. 打好种业翻身仗　建设现代种业强国 [J]. 奋斗 (7)：28-31.

秦洁，2021. 生物技术在玉米育种中的应用研究 [J]. 农业技术与装备 (5)：50-51.

申卓，桑立君，2020. 浅析玉米产业现状及生物育种发展趋势 [J]. 种子科技，38 (17)：31-32.

孙好勤，2019. 基于品种创新的中国种业强国目标的实施 [J]. 农学学报，9 (3)：11-15.

孙彤彤，2021. 美国农业国际竞争力研究 [D]. 长春：吉林大学.

王雷，2017. 林业育种中新技术的应用现状解析 [J]. 农村科学实验 (12)：39.

王爽，何勇，童晓红，等，2021. 合成生物学在水稻基因工程及遗传改良中的应用研究进展 [J]. 南方农业，15 (16)：1-6.

王向峰，才卓，2019. 中国种业科技创新的智能时代："玉米育种 4.0" [J]. 玉米科学，27 (1)：1-9.

王亦学，郝曜山，张欢欢，等，2020. 基因编辑系统 CRISPR/Cas9 在作物基因工程育种中的应用 [J]. 山西农业科学，48 (5)：826-830.

王永刚，张旭，张鹏，等，2021. 植物细胞工程在小麦抗赤霉病育种中的应用 [J]. 生物技术进展，11 (5)：574-580.

乌兰，汤欣欣，胡孝明，等，2021. 高光效基因工程育种研究进展及展望 [J]. 黄冈师范学院学报，41（3）：32-37.

薛勇彪，韩斌，种康，等，2018. 水稻分子模块设计研究成果与展望 [J]. 中国科学院院刊，33（9）：900-908.

叶明旺，李灿辉，龚明，2020. 基因组编辑技术在马铃薯精准分子育种中的应用及研究展望 [J]. 生物技术通报，36（3）：9-17.

叶真，张宣，2022-02-23. 农作物育种："基因编辑"下的精准调控模式 [N]. 新华日报（12）.

佚名，2021. 种业强国的科技答案 [J]. 中国农村科技（6）：6-7.

朱立娟，2022. 玉米耐旱育种及分子育种策略探析 [J]. 河南农业（14）：22-23.

朱祥芬，闵东红，张小红，等，2011. 快速定向育种技术体系的建立及其在转基因小麦育种中的应用 [J]. 西北农业学报，20（6）：75-79.

CALUS，M P L，2010. Genomic breeding value prediction：methods and procedures [J]. Animal an international journal of animal bioscience，4（2）：157-164.

DUAN T，CHAPMAN S C，GUO Y，et al.，2017. Dynamic monitoring of NDVI in wheat agronomy and breeding trials using an unmanned aerial vehicle [J]. Field crops research，210：71-80.

GUPTA P K，LANGRIDGE P，MIR R R，2010. Marker－assisted wheat breeding：present status and future possibilities [J]. Molecular breeding，26（2）：145-161.

HE T，LI C，2020. Harness the power of genomic selection and the potential of germplasm in crop breeding for global food security in the era with rapid climate change [J]. The crop journal，8（5）：688-700.

KAZUTOSHI，OKUNO，2016. Breeding Strategies for Crop Improvement to Adapt to Global Climate Change [J]. Journal of arid land（1）：27-34.

LIU J，FERNIE A R，YAN J，2021. Crop breeding－From experience－based selection to precision design [J]. Journal of plant physiology，256：153313.

LOPEZ-CRUZ M，CROSSA J，BONNETT D，et al.，2015. Increased prediction accuracy in wheat breeding trials using a marker × environment interaction genomic selection model [J]. G3 Genesgenetics，5（4）：569-582.

MARSH J I, HU H, GILL M, et al., 2021. Crop breeding for a changing climate: integrating phenomics and genomics with bioinformatics [J]. Theoretical and applied genetics: 1−14.

MUCKEL S, AMETZ C, GUNGOR H, et al., 2016. Genomic selection across multiple breeding cycles in applied bread wheat breeding [J]. Theoretical and applied genetics, 129 (6): 1179−1189.

MUIR W M, 2015. Comparison of genomic and traditional BLUP−estimated breeding value accuracy and selection response under alternative trait and genomic parameters [J]. Journal of animal breeding and genetics, 124 (6): 342−355.

MWADZINGENI L, SHIMELIS H, DUBE E, et al., 2016. Breeding wheat for drought tolerance: Progress and technologies [J]. Journal of integrative agriculture (5): 935−943.

PANDIT R, BHUSAL B, REGMI R, et al., 2021. Mutation Breeding for Crop Improvement: A Review [J]. Doi: 10. 26480/rfna. 01. 2021. 31. 35.

SHAKOOR N, LEE S, MOCKLER T C, 2017. High throughput phenotyping to accelerate crop breeding and monitoring of diseases in the field [J]. Current opinion in plant biology, 38: 184.

YAN G, HUI L, WANG H, et al., 2017. Accelerated Generation of Selfed Pure Line Plants for Gene Identification and Crop Breeding [J]. Frontiers in Plant Science, 8: 1786.

ZHOU X C, XING Y Z, 2016. The application of genome editing in identification of plant gene function and crop breeding [J]. Yi chuan = Hereditas, 38 (3): 227.

第二章 计算育种的发展
历程和现状

第一节 计算育种的发展历程

计算育种的发展和育种的发展历程息息相关。在育种史上过去有 3 个时代，每个时代计算介入的程度有明显的区别（表 2-1）。

表 2-1 计算育种发展阶段

计算育种发展阶段	对应的育种技术发展阶段
原始计算期	育种 1.0
性状计算期	育种 2.0 的早期
标记计算期	育种 2.0 的晚期
基因组计算期	育种 3.0 的晚期
大数据计算期	育种 4.0

第 Ⅰ 个时期——原始计算期，对应于育种 1.0 时期。在这个阶段，育种尚未发展成为一门独立的科学，受限于认知水平，人们仅能通过最简单的数值大小比较，或进行平均值计算等，对育种中根据表型进行选穗、选粒、选株提供有限辅助。由于对遗传的概念理解极为朴素，数学和统计学也处于蒙昧时期，这个阶段，品种改良的速度完全依赖于随机事件，以及漫长时间下的逐步积累。

第 Ⅱ 个时期——性状计算期，对应于育种 1.0 的晚期和育种 2.0 的早期。事实上，正是在该阶段计算育种的发展推动了育种从 1.0 到 2.0 的转换。在这个阶段，育种已经初步成为一门科学，育种家也逐渐从大农业中独立出来，作为推动育种技术进步的主体。在该阶段中，育种家在遗传学的指导下，开始有了杂交试验和选择试验的概念。例如，育种家已经懂得将高秆易感病的品种与矮秆品种进行杂交，并在子代中持续进行选择。在这个时期，杂交、回交、测交等一系列常用的田间试验手段都已经被开发出来，科学家直接基于性状，而不是性状背后的遗传物质进行选择。但是，性状本质是遗传信息在环境影响下概率性表达的结果，直接根据性状进行筛选无法快速排除环境影响，需要在多个不同地点上进行多年试验，以获得性状尽可能稳定的后代，这就大大延长了育种需要的时间。在该阶段，计算育种作为重要的支撑工具，以数量遗传的诞生和发展为标志，为育种家提供了配合力分析等一系列经典的数学模型，首次实现了对育种目标和育种过程的定量控制，直接导致了种业的快速跃进。可以说，没有 1909 年以来数量遗传学支撑下一系列计算育种模型和工具的发展，就没有育种 2.0 对杂种优势的广泛应用。

第Ⅲ个时期——标记计算期，对应于育种 2.0 的中后期和育种 3.0 的早期。在这个阶段，育种家选择特定的 DNA 片段作为标志物来进行计算，并根据结果辅助选育品种。在该时期，DNA 测序的成本高达上千万美元，育种家通过分子试验，鉴定出了一系列与植物性状密切相关（紧密连锁）的分子标记，然后使用这些分子标记来构建表型和基因型之间的桥梁。分子标记在未完全寻找到性状背后基因的前提下，为育种家提供了一种有效的选择工具，可以直接监测后代材料中是否含有紧密连锁的分子标记，而预判材料能否表现出对应表型。然而，紧密连锁并不等于合二为一，这些分子标记与控制目标性状的基因之间存在一定距离。这种空间上的间隔可能导致后代中的遗传重组，从而增加了育种过程中的不确定性。在该阶段，计算育种蓬勃发展，一方面，数量遗传算法进一步发展，大部分重要的理论和工具都已成型；另一方面，配合分子标记的一系列算法也被快速开发。可以说，没有 1974 年以来标记作图等算法和工具的发展，育种 2.0 无法实现选择成本与选择效率的平衡，更无法顺利向下一个技术时代过渡。

第Ⅳ个时期——基因组计算期，对应于育种 3.0 时代的中后期和育种 4.0 的早期。在这个阶段，基因组测序技术逐渐成熟，高通量测序进入商业化应用，育种家可以通过对基因组的分析，借助多种分子生物学和生物信息学工具直接定位到 DNA 水平，然后直接对子代的该位点进行检测，提升品种选育的速度。"计算分析挖掘功能基因-验证功能基因-生物工程手段快速利用功能基因"成为该阶段的主流工作模式。可以说，没有 1990 年以来生物信息学驱动下计算育种的发展，育种 3.0 无法实现稳定的研究模式和成熟的商业模式。而计算育种发展出的一系列工具，正在育种逐步迈入全新 4.0 时代的过程中发挥作用。

第Ⅴ个时期——大数据计算期。在这个时期，育种将全面进入 4.0 时代，科学家将从对基因型的选择、进化到对基因型的设计和改造。在该阶段，以数据科学为基础的人工智能将驱动计算育种实现一系列突破，帮助科学家实现从基因型到表型的精准预测，并辅助科学家进行基因型的设计和评估。

第二节　计算育种的应用现状

一、计算育种的发展现状

1. 计算育种与种质资源评价和鉴定

随着计算机各类技术与测序技术的发展与成熟，尤其是近年来，高通量测序技术（High-throughput sequencing，HTS），也称下一代测序技术（Next-generation sequencing，NGS）的出现，因其能一次完成几十万到几百万条核酸分子测序，被迅速且广泛地运用到生命科学研究中，使生命科学进入了新的大数据时代。作为生命科学的重要分支及人类生存的重要话题——育种，在经历了农民的经验和主观判断、育种学科逐步建立、分子选择育种 3 个历史阶段后，通过 NGS 技术、计算分析、数量遗传学、基因组学、合成生物学、表型组学、基因编辑技术等研究的发展，计算育种应运而生，也全面开启了新的时代。计算育种将立足于分子精准育种技术现状，以数据和模型为核心，以计算育种学为核心的新一代作物育种理论和技术体系，将推动作物育种研发范式的变革，促进作物育种理论创新与技术进步，为作物新品种的培育和生产提供核心技术和科技平台，服务作物育种的科学研究和种业发展。

种质资源是育种创新的源头，也是我国种业强国战略的重要支点。对于其评价与鉴定过程中，从用于描述生物有机体分布及其相关采集信息的规范——Darwin Core 元数据标准和国际上应用最广泛的作物种质资源基本描述符——多作物护照信息描述符（Multi-crop Passport Descriptors，MCPD）的制定，到对种质资源考察收集、评价鉴定、资源保存、各个环节数据的获取，再到对常常存在不正确、不完整、不一致数据问题的原始资源数据进行数据校验、数据清洗和数据转换等处理，最后将海量的种质资源数据进行整合。这一系列过程不仅需要借助于相对成熟的大数据 IT 技术，而且需要结合种质资源学科自身特征，融入多源异构种质资源数据的个性化整合技术，在种质资源标识符的引导下形成完整体系。借助以此形成的作物种质资源大数据平台，突破各业务环节的瓶颈，实现系统之间的数据交互，保障数据的实时性、完整性和准确性，并形成有效的数据反馈机制，将数据资源转变为可量化的数据资产，最大限度挖掘作物种质资源数据价值。

2. 计算育种与育种流程革命

目前，育种流程正在向"精准、快速、定向"方向发生革命性的变革，而计算育种手段能够支持科学了解作物的基因组结构和功能变化，辅以多种测序及计算手段，具有重要意义。

首先，基因草图的绘制。2002 年我国科学家率先绘制出水稻基因组草图；2008 年美国科学家以 B73 的高产玉米品种为对象实现玉米和大豆基因组草图的绘制；2014 年国际小麦基因组测序联盟通过 Illumina 平台进行测序，得到 10.2 Gb 的基因组草图等工作，使人类从基因层面上对作物有了新的认识。随后基因组测序及关联分析的发展加速了基因库的开发，也加速了人类对作物生长、发育、繁殖、响应生物或非生物胁迫过程中遗传机制的解析，加快了培育优良品种的步伐。当前广泛应用的基因分型方法之一是基因组测序（GBS）。这种技术通过对基因组 DNA 进行酶切，随后对酶切产生的片段两端进行高通量测序，以此获得单核苷酸多态性（SNP）信息。通过对这些信息的分析，实现快速、高效的基因分型。GBS 方法具有成本效益高、操作简便的特点，非常适合用于大规模样本的标记筛选。这种方法不仅提高了分型的速度和准确性，也使得大规模基因分型变得更加可行。该技术已成功运用于马铃薯、鹰嘴豆、小麦等作物中，鉴定出大量与产量、抗性、抗病相关的 SNP，为后续 QTL 定位、精细定位及候选基因的筛选奠定了基础。又如，基因组重测序技术，该技术是一种在已知基因组序列的物种中对不同个体进行基因组测序的方法。利用基因组重测序，科学家可以在原始参考基因组的框架内对个体或群体的基因组差异进行详细分析，进而更深入地了解物种内部的遗传多样性，以及不同个体间的基因组变异。正在应用的单细胞测序可获得特定微环境下的细胞序列差异以方便研究其功能差异。如小麦中已有利用单细胞型转录组分析揭示守卫细胞响应脱落酸的不同基因表达谱的研究分析。

其次，基于基因组等研究开展的关联分析工作挖掘出了大量具有价值的机制。关联分析目前包括 GWAS、EWAS、TWAS 等几种，对于关联分析更详细的介绍将在本书第六章进行。加上依赖于传感器和机器学习领域的 Phenomics（表型组学）的产生与快速发展，使育种大数据又注入了"新鲜血液"，加速了性状-等位基因关联的发现，为更精确地进行遗传机制挖掘，实现精准育种奠定了基础。但是，当前的关联分析不仅仍有较大提升空间，而且有赖于强大的数据库的建立，高效的数据库将有助于阐明重要性状的遗传学原理，识别与农艺性状相关的基因。

综上所述，基因组学知识的进步和高通量技术的发展为育种家对复杂性状的基因发现和遗传解剖提供了新的工具，基因组信息的可用性将会增加，有利于更进一步对遗传机制的解析。

3. 计算育种与育种选择

在品种选育过程中往往要有效地控制变异的发展方向，促进有利变异的积累。自孟德尔于 1865 年通过豌豆杂交实验揭示了遗传规律、分离定律以及自由组合规律以来，数量遗传学领域经历了显著的发展。20 世纪初期，数量遗传学的概念和理论框架开始形成。随后，分子数量遗传学的兴起以及组学研究的快速进展，极大地推动了对数量性状遗传基础的深入理解。

在数量遗传测定中，遗传力和育种值是重要的参考指标。遗传力反映了在群体中根据表型优劣选择基因型的可靠程度，通过估算家系和单株遗传力可以确定选择方式与选择强度，遗传力和遗传增益的有效估算对于育种策略具有重大的指导意义。育种值是表型性状中的加性效应值，它剔除了环境因素的影响，直接衡量遗传因子对表型性状影响的大小，在育种过程中提高育种值的预测精度可提高选择效率。

在现代数量遗传学发展中，最重要的方法是数量性状位点（Quantitative trait loci，QTL）定位方法，该方法主要基于分子标记辅助选择（Marker assisted selection，MAS）。主要分包含连锁分析法（Linkage mapping）和基于连锁不平衡的关联分析法（Association mapping）两种。主要应用于育种材料早期评估筛选、基因渗入（Gene transgression）、目标基因系构建和基因聚合（Gene pyramiding）等育种领域，可显著提高单位成本效益、提高育种的效率和精度。尽管还没有适用于多种情况的理想的分子标记技术（具有多态性并在整个基因组中均匀分布；提供足够的遗传差异分辨率信息；生成多个独立且可靠的标记；简单、快速且廉价；仅需少量 DNA 样本；与不同的表型有关联；不需要有关生物体基因组的任何先验信息），但研究人员还是可根据其需求和可用性来选择分子标记物，结合不同的遗传群体来进行计算和遗传作图，加快品种的选育过程和功能基因或者 QTL 的解析。

在探索数量性状的遗传机制时，传统方法主要依赖于经典统计学。这包括利用代际平均数来评估遗传效应和方差，以及使用简化的遗传模型来估计遗传方差和协方差的各个分量。这些方法有助于理解数量性状遗传动态规律。在早期阶段，遗传学家们通常采用 t 检验、方差分析、似然比检验和回归分析等统计方法，以评估单个分子标记的基因型与表型平均值之间的显著差异，从而推断标记附近可能存在的控制性状的 QTL。虽然这种方法操作简便，但它存在几个局限性。首先，该方法无法明确区分标记是与单个 QTL 连锁还是多个 QTL 连锁。其次，它无法有效处理缺失的标记基因型数据。最后，当 QTL 与标记之间的距离增加时，该方法在检测 QTL 的效率和准确性方面会有所下降。

为了解决这些问题，育种家们相继开发了一系列基于遗传连锁图谱的区间作图技术，以提高作图的精度并更准确地估计 QTL 效应。这些方法包括基本的区间作图（Interval mapping，IM）、复合区间作图（Composite interval mapping，CIM）、基于混合线性模型的复合区间作图（Mixed composing interval mapping，MCIM）和完备区间作图（Inclusive composite interval mapping，ICIM）等。这些不同的数量遗传分析方法各有优缺点，但总体上已相对成熟。它们考虑了多种因素，如性状类型（包括静态、间性和动态性状）、标记类型（显性或共显性标记）、标记密度以及不同的试验设计（如 F2、回交、全同胞和半同胞家系等）。这些综合考虑使这些方法在遗传研究中更具适用性和准确性。

在基于连锁的 QTL 定位研究中，为了简化计算过程，通常选用遗传背景较为单一的双亲分离群体进行作图。这些群体包括 F2 代、回交群体、重组自交系（Recombinant inbredlines，RIL）、近等基因系（Near-Isogenie lines，NIL）和双单倍体群体等。这些群体主要是通过两个近交系的杂交而产生的，它们的遗传背景简单，有利于精确地定位和分析 QTL。尽管双亲群体的制备成本低、时间短，且具有完整的遗传结构和高效的作图能力，但它们的遗传基础相对较窄，不足以为作物育种提供广泛的优良基因资源。因此，为了更好地支持杂交作物的育种工作，需要将育种群体与数量遗传学的分析方法相结合。这涉及采用先进的统计手段和遗传交配设计，以便准确地检测数量性状的遗传模式及其影响，分析杂交优势和亲本的配合力，进而深入探究群体遗传变异的机制，以及优良品种的选育策略。

分子标记技术已经在水稻、小麦、大麦、大豆和棉花等作物的育种工作中起到了关键作用。通过运用这一技术，育种专家能够借助杂交和多重杂交等手段，将多个品种中的优秀性状基因或数量性状位点（QTL）集结到一个品种或材料中。这种方法不仅实现了多个性状的同步优化，还助力育种专家成功培育出了大量可供实际应用的新品种。

二、计算育种对不同育种手段的支撑

1. 计算育种支撑系统育种

传统的系统育种选择方法虽然在定性性状和质量选择方面表现较好，但时间长，并且其程序因育种目标、育种材料的遗传基础及选择方法不同，其繁简有较大差异，在提高理解复杂性状的有效性方面速度较慢。此外，个体的表型是由于基因型和环境之间复杂的相互作用，需要精确解剖天气条件、土壤组成和降水等因素。传统的育种方法通常依赖于对作物表现型的观察以及育种家的经验判断，这种方式在预测性和效率上存在一定局限。相比之下，模拟技术的引入为育种带来了显著改进。它允许科学家们通过计算机模拟来预测整个育种过程，从而有效地确定最佳育种策略。这种方法不仅提高了选择和培育的准确性，还加快了育种进程，使育种过程更加科学、高效。

早在 1998 年，澳大利亚昆士兰大学就自主研发了一个基于数量性状遗传模型的模拟平台——QU-GENE。在农业育种领域，模拟技术的引入标志着一个重要的转折点。这种技术使得育种家能够探索和评估一系列复杂的育种方法，包括但不限于传统的回交、系谱法、DH 法（双单倍体技术）、MAS（分子辅助选择）等。模拟技术特别适用于各种交配模式，如自交、控制杂交、随机配对等，为育种策略的设计和优化提供了新的视角。例如，育种模拟可以用来评估和优化新的育种组合策略，探讨基因显性和上位效应在育种中的作用，以及分析 MAS技术在复杂遗传背景下的有效性。此外，模拟技术也被用于比较不同育种方法在实际作物改良中的实用性，如评估 DH 技术与传统育种方法在特定作物中的相对效率。这些应用不仅解答了育种领域的实际问题，还揭示了育种过程中未被充分认识的潜在因素，从而证实了模拟技术在解析复杂遗传育种策略和优化育种方法中的有效性和实用性。

2. 计算育种支撑倍性育种

多倍体普遍存在于栽培作物中，据统计，禾谷类作物有 2/3 以上的种是多倍体；在被子植物中，有一半以上是多倍体；普通小麦、陆地棉、烟草、马铃薯等几种主要栽培作物，以及一些果树和花卉植物，也都是在自然界进化中形成的多倍体。它们大多是在自然形成后，经人们选择培育而成的，因此，多具有显著的优良经济性状。因此，人们开始了解多倍体的形成规律，于是逐渐发展出了多倍体育种途径。

传统的染色体加倍技术可通过物理诱变，化学药剂，如秋水仙素、富民隆和生长素等，或者生物方法，如组织培养、花粉加倍、杂交等。但可能存在效率不高、亲和性不强、成本高等问题。通过初步的形态学鉴定，气孔观测、染色体计数等细胞学鉴定，流式细胞法等分子水平鉴定，分子标记等方法对多倍性进行鉴定。但这些方法仍然存在一定问题，如染色体计数是准确性相对较高的方法，然而，由于该法涉及植物特异性酶处理，且运用显微镜对芽细胞或根尖进行观察需耗费大量的时间和精力，计数过程中也易产生错误。因此，一般仅在细胞数量有限时使用此法。再如流式细胞仪虽能够快速、大量地对不同类型的组织和细胞层进行鉴定和分析，但仪器设备的价格较为昂贵，维护成本高。此时就显示出了前期通过计算算法构建模型，组学等大数据的预测和分析的优势，即不仅可在前期对理想的多倍性进行定向设计，也可使后期对多倍性的鉴定目的性更强、准确性更高，从而节约更多的时间与成本，加快倍性育种的进程。

3. 计算育种支撑基因工程育种

传统育种方法，如近缘和远缘杂交、系谱选育、诱变育种和回交育种等，一直是作物改良的重要手段。这些技术在提升作物产量、改善作物品质以及增强作物对不利环境的适应性方面发挥了关键作用。尽管现代育种技术不断发展，这些传统方法依然在世界各地的农业生产中被广泛应用。但是，传统育种仍然具有周期长、选择性差等缺陷。为了解决这些问题，育种家开发了基因工程育种方法，该方法与传统育种相比具有显著的优势。首先，基因工程育种通过使用农杆菌介导或基因枪方法，可以精确地将来自不同生物（植物、动物、微生物）甚至人类的特定基因直接插入目标作物的基因组中。这种方法有效地突破了传统育种中由于生殖隔离而无法克服的物种间基因转移的限制。其次，基因工程育种缩短了育种周期，特别是在打破某些作物的负向连锁关系时，能够迅速、稳定地实现目标性状的转移，同时保持产量和品质特性。

计算育种在支撑基因工程育种方面扮演着关键角色。通过计算模型和仿真技术，育种家能够在实际操作前模拟基因编辑的潜在结果，这不仅提高了基因工程育种的效率，还降低了失败的风险。计算育种可以帮助识别最有潜力的基因编辑目标，预测基因插入后的表型效应，甚至模拟在不同环境条件下的作物表现。计算工具还能优化基因编辑的过程，如通过预测编辑效率和可能的非特异性编辑，从而指导更精确的基因操作。此外，计算育种还为基因工程育种提供了大量的数据支持，包括基因组信息、表型特征，以及环境因素。这些数据的集成和分析使育种家能够在更广泛的遗传资源中进行选择，从而提高育种的成功率。通过这种方式，计算育种不仅促进了基因工程的精确度和效率，还拓宽了作物改良的可能性，为创造具有优良性状的新品种提供了更多选择和增强了灵活性。

参考文献

陈卫国，2019. 小麦农艺性状与籽粒形态性状稳定性 QTL 挖掘与候选基因预测 ［D］. 晋中：山西农业大学.

陈云刚，2001. 基于 Internet 的农作物种质资源特性数据评价系统开发研究 ［D］. 北京：中国农业科学院.

陈忠法，2020. 基因工程在玉米育种中的应用现状 ［J］. 科技风（5）：2.

杜世章，2011. 转基因育种技术发展研究综述 ［J］. 绵阳师范学院学报，30（8）：58-62.

杜习军，2021. 河南省小麦抗白粉病种质资源筛选及优异基因发掘 ［D］. 杨凌：西北农林科技大学.

段苏微，2019. 铁炮百合及 OT 百合的倍性育种研究 ［D］. 北京：北京林业大学.

方沩，曹永生，2018. 国家农作物种质资源平台发展报告（2011—2016）［M］. 北京：中国农业科学技术出版社.

黄群策，孙敬三，1997. 植物多倍性在作物育种中的展望 ［J］. 科技导报（7）：53-55.

贾文庆，2015. 山茶花生殖生物学及倍性育种基础研究 ［D］. 北京：中国林业科学研究院.

李嘉琦，逄洪波，解元坤，等，2020. 基于农艺植物粒型相关性状探讨 GWAS 分析方法研究进展 ［J］. 福建农林大学学报（自然科学版），49（2）：153-158.

李媛，2014. 青杨杂种体细胞加倍技术研究 ［D］. 北京：北京林业大学.

林子雨，2022. 数据采集与预处理 ［M］. 北京：人民邮电出版社.

刘振盼，2021. 利用流式细胞术鉴定软枣猕猴桃倍性的方法 ［J］. 辽宁林业科技（2）：23-25.

刘忠强，2016. 作物育种辅助决策关键技术研究与应用［D］. 北京：中国农业大学.

罗京，2021. 甘蓝型油菜矮化性状的蛋白质组和转录组联合分析［D］. 贵阳：贵州师范大学.

马娟，2016. 利用基因定位结果的小麦设计育种方法研究［D］. 北京：中国农业科学院.

AJEESH KRISHNA T P, MAHARAJAN T, CEASAR S ANTONY, 2022. Improvement of millets in the post-genomic era［J］. Physiology and molecular biology of plants：28.

BALTUNIS B S, GAPARE W J, WU H X, 2010. Genetic parameters and genotype by environment interaction in radiata pine for growth and wood quality traits in Australia［J］. Silvae genetica, 59（1-6）：113-124.

BEDRE R, IRIGOYEN S, PETRILLO E, et al., 2019. New era in plant alternative splicing analysis enabled by advances in high – throughput sequencing（HTS）technologies［J］. Frontiers in plant Science：10.

BOHANEC B, 2003. Ploidy determination using flow cytometry［M］//Doubled haploid production in crop plants. Dordrecht：kluwer：397-403.

BOLGER ANTHONY M, POORTER H, DUMSCHOTT K, et al., 2019. Computational aspects underlying genome to phenome analysis in plants［J］. The plant journal, 97：182-198.

BUCK-SORLIN G H, HEMMERLING R, KNIEMEYER O, et al., 2008. A Rule-based model of barley morphogenesis, with special respect to shading and gibberellic acid signal transduction［J］. Annals of botany, 101（8）：1109-1123.

CHANG F, 2006. Bigtable：a distributed storage system for structured data［C］//7th USENIX Symposium on operating systems design and implementation（OSDI）.

CHARLESWORTH B, GODDARD M E, MEYER K, et al., 2022. From mendel to quantitative genetics in the genome era：the scientific legacy of W. G. Hill［J］. Nat genet, 54：934-939.

DAS CHOUDHURY S, SAMAL A, AWADA T, 2019. Leveraging image analysis for high-throughput plant phenotyping［J］. Frontiers in plant science, 10：508.

DE LOS C G, PÉREZ-RODRÍGUEZ P, BOGARD M, et al., 2020. A data-driven simulation platform to predict cultivars'performances under uncertain weather conditions [J]. Nature communications, 11: 4876.

DEAN J, 2004. MapReduce: simplified data processing on large clusters [C] // Symposium on operating system design & implementation.

DROVANDI C C, HOLMES C, MCGREE J M, et al., 2017. Principles of experimental design for big data analysis [J]. Statistical science, 3: 385-404.

FANG C, MA Y, WU S, et al., 2017. Genome - wide association studies dissect the genetic networks underlying agronomical traits in soybean [J]. Genome biology, 18: 161.

FLINT-GARCIA S A, THUILLET A C, YU J, et al., 2005. Maize association population: A high-resolution platform for quantitative trait locus dissection. The plant journal, 44 (6): 1054-1064.

FOURNIER C, ANDRIEU B, LJUTOVAC S, et al., 2003. ADEL-wheat: A 3D architectural model of wheat development [J]. INRA, UMR Environnement et Grandes Cultures: 54-66.

HAMMER G L, COOPER M, TARDIEU F, et al., 2006. Models for navigating biological complexity in breeding improved crop plants [J]. Trends in plant science, 11 (12): 587-593.

JHA UDAY C, NAYYAR H, PARIDA S K, et al., 2022. Ensuring global food security by improving protein content in major grain legumes using breeding and 'Omics' tools [J]. International journal of molecular sciences: 23.

JOSHI D C, CHAUDHARI GANESH V, SOOD SALEJ, et al., 2019. Revisiting the versatile buckwheat: reinvigorating genetic gains through integrated breeding and genomics approach [J]. Planta, 250: 783-801.

LEUS L, LAERE K V, DEWITTE A, et al., 2009. Flow cytometry for plant breeding [J]. Acta horticulturae (836): 221-226.

LOBOS G A, CAMARGO A, POZO A D, et al., 2018. Plant phenotyping and phenomics for plant breeding.

MA Y, WEN M, GUO Y, et al., 2008. Parameter optimization and field validation of the functional-structural model GREENLAB for maize at different population densities [J]. Annals of botany, 101 (8): 1185-1194.

ONG - ABDULLAH MEILINA, ORDWAY JARED M, JIANG NAN, et al., 2015. Loss of Karma transposon methylation underlies the mantled somaclonal variant of oil palm [J]. Nature, 525: 533-537.

PÉREZ-ENCISO, MIGUEL AND JUAN P, 2021. Steibel. "Phenomes: the current frontier in animal breeding." [J]. Genetics selection evolution (Paris): 22.

TURNBULL C, RAHMAN N, 2011. Genome-wide association studies provide new insights into the genetic basis of testicular germ-cell tumour [J]. International journal of andrology, 34: 86-96.

VISSCHER PETER M, WRAY NAOMI R, ZHANG QIAN, et al., 2017. 10 Years of GWAS Discovery: Biology, Function, and Translation [J]. American journal of human genetics, 101: 5-22.

WANG JUNBIN, LI YANG, WU TIANWEN, et al., 2021. Single-cell-type transcriptomic analysis reveals distinct gene expression profiles in wheat guard cells in response to abscisic acid [J]. Functional plant biology, 48: 1087-1099.

WANG W, MAULEON R, HU Z, et al., 2018. Genomic variation in 3,010 diverse accessions of Asian cultivated rice [J]. Nature, 557: 43-49.

WOLC A, DEKKERS JACK CM, 2022. Application of Bayesian genomic prediction methods to genome-wide association analyses [J]. Genetics selection evolution, 54: 31.

XIAO J, LIU B, YAO Y, et al., 2022. Wheat genomic study for genetic improvement of traits in China [J]. Science China. Life sciences, 65 (9): 58.

YADAV S, LI T, HUMPHREYS E, et al., 2011. Evaluation and application of ORYZA2000 for irrigation scheduling of puddled transplanted rice in North West India [J]. Field crops research, 122 (2): 104-117.

YIN X, KROPFF M J, STAM P, 1999. The role of ecophysiological models in QTL analysis: the example of specific leaf area inbarley [J]. Heredity, 82 (4): 415-421.

ZHANG Q Q, ZHANG Q, 2022. Jensen just, association studies and genomic prediction for genetic improvements in agriculture [J]. Frontiers in plant science: 13.

第三章　数据驱动计算育种的技术体系框架研究

数据驱动下的计算育种，呈现出鲜明的以数据为中心的特征。在此，结合当前育种产业的实际发展水平，以及结合高性能计算、高可用存储、高带宽网络等计算机硬件发展，顺应神经网络、机器学习等算法和软件发展趋势，提出数据驱动计算育种的技术体系框架。该技术体系框架中不仅包括研究热点，也包括成熟技术和萌芽技术。

第一节　数据驱动的计算育种的技术体系框架构成

如图 3-1 所示，数据驱动的计算育种以核心调度引擎为中心，对数据库中经过加工、整理和整合的数据进行调度，同时也对基础算子库和应用算子库进行调

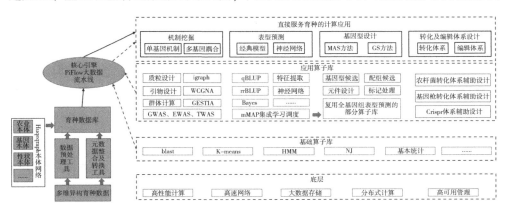

图 3-1　数据驱动的技术体系框架基本构成

度，从而形成四大类支撑应用，实现对育种的实际服务。基础算子库主要是已经成熟的共性计算技术，使用成熟软件工具进行二次封装，确保能够被引擎调用即可。应用算子库则包含了服务四大类支撑应用的个性化算子。

第二节　相关技术及选型

一、数据和应用调度的核心引擎

1. 专用式简单管道

管道式调度是生物信息学和田间统计学最常用的调度模式。这种调度引擎的核心是基于脚本将多种开源工具组装成数据处理和计算的管道。数据在脚本调度的工具支配下，依次流经不同工具，并进行计算处理。目前，无论是基因组数据的组装，还是 SNP 的分析，管道式仍然是各课题组中最流行的模式。一般来说，这些管道本质仍是脚本，每个管道勾连部分工具，并预置一些参数，完成特定的功能。每个脚本一般不会有太复杂的功能。

目前主要采用的管道，大多可以按照使用的脚本语言分类，可以分为 python、R、shell 等。perl 由于难以实现面向对象编程，在新的项目和工程中已经很少出现。

得益于这些语言的自身特性，专用式管道具有上手快、开发容易、自由度高、支持效果好等特性，快速占领了大多数课题组，形成"作坊式"育种计算的主导。但是，首先，这种单向管道式引擎的运行速度会受制于中间数据处理最慢的环节；其次，由于脚本语言先天缺陷，处理并发和并行时极为复杂且易出错；最后，高自由度带来的是散乱的格局，难以形成通用性的行业基础设施。综上所述，专用式管道可以用于小规模的算法创新和探索，但是无法支撑产业化育种的计算需求。

2. 单体式集成引擎

单体式集成引擎一般为商业化育种软件所采用，极少见于开源工具，与软件的其他部分高度集成。例如，国外开发的 Agrobase 等商业育种数据处理软件，其调度引擎与软件中的其他功能高度耦合和封装。近年来，随着国外软件企业和育种巨头纷纷进军计算育种市场，这种模式越来越多见。

这种方式的优点在于可以进行工具和软件的优化，实现极高的效率和稳定性。但是，一方面来说，开发这种引擎投资巨大、风险极高，而且涉及国外先发机构的专利和技术护城河，有较大政策风险；另一方面来说，这种开发模式形成的紧耦合，难以应对千变万化的数据计算需求，更难以追上快速进化的技术变化。

3. 模块化插件底座

模块化插件底座是近年来发展起来的，吸收了模块化软件工程思想形成的新模式。核心引擎提供基础的数据调度和工具调度的基本功能，同时往往也提供一定的硬件资源调度和任务管理。因此，可以认为这种模式，核心调度引擎相当于一个软件底座，提供各种计算模块的接口。由底座统一为各种计算模块分配计算资源和数据 I/O 资源。

这种模式的优点在于不仅实现了工具、数据、调度引擎之间的解耦，而且保证了运行效率和一致性，是最适合数据驱动计算育种的方案。

4. 技术选型

在本工作中，主要使用模块化底座的方式进行数据和工具的调度。经过研究，当前主要可以选用的底座如下。

Cromwell 管理引擎

Cromwell 是 WDL 语言的任务管理引擎，在 BSD 3-Clause 许可下开源。WDL 是 Broad Institute 开发的 "human readable and writable" 定义组织任务与工作流的一种语言，主要面向生物信息/基因组学等领域，它是一种使用人类可读和可写语法指定数据处理工作流的方法。WDL 使定义分析任务，将它们在工作流中链接在一起并行执行，使其变得简单。该语言一方面大幅度精简了常用模式的调度语法，另一方面也支持极为复杂的计算需求；此外，WDL 不仅能够实现跨执行平台的兼容性，而且能够保证跨不同类型用户的可移植性。WDL 最初是为进行基因组分析管道而开发的，最初也属于简单管道的一种，但是随着社区的发展，WDL 最终形成了复杂的通用性支撑能力，并构建了 OpenWDL 社区来管理 WDL 语言规范并倡导其采用。

在 Cromwell 引擎下，主要通过编写 WDL 程序以实现复杂功能。其脚本主要有 5 个核心组件，顶层组件：workflow, task, call；任务级组件：command, output。其中 workflow 定义了整个工作流程，类似于 main；task 定义了单独的每个子任务，位于 workflow 模块外部，类似于函数；call 位于 workflow 模块内部，表示执行一个特定的函数（task）。此外，input 没有显式命名，而是通过参数形式传入。

利用 Cromwell 可以实现非常复杂的功能，例如，中国科学院微生物研究所即基于 Cromwell 和 WDL，实现了全套微生物数据的处理和计算自动化。但是，目前这种方法门槛仍然过高，仍然依赖于研究者借助编程语言进行操作，不利于产业化的应用。此外，目前大量基于 Cromwell 的工作都集中在组学数据领域，其对育种田间数据的支持仍有待时间考验。

Nextflow 系统

Nextflow 是介于简单管道和底座之间的调度引擎。其核心是一个 Groovy 解释器。Nextflow 中的流程结构通过抽象出 channel 进行连接，从而实现了简化。此外，Nextflow 对于高性能计算环境也有一定的支撑能力。但是，Nextflow 严重依赖于社区提供的 nf-core，这些 core 质量不一，无法满足商业化使用需求。

PiFlow 大数据流水线

PiFlow 是我国科学家完成的引擎，是由中国科学院计算机网络信息中心团队自主研发，能够比肩国外先进水平的大数据流水线处理与调度系统。PiFlow 基于分布式计算框架技术，将大数据采集、清洗、存储与分析进行抽象和组件化开发，以所见即所得拖拽配置的简洁、高效方式实现大数据处理流程化配置、运行与智能监控。该系统目前已贡献给开源社区，吸引了大批中小企业、院所高校用户，支撑了科技、工业、跨境电商、数据资产管理、医疗健康等领域大量软件工程案例。2019 年 PiFlow 获"GVP-码云最有价值开源项目"奖、首届"中国开源科学软件创意大赛"二等奖、2021 年获中国国际大数据产业博览会领先科技成果新技术奖。

PiFlow 的优势主要有 4 点。首先，PiFlow 是基于开源引擎 Spark 进行二次开发和封装的工具，先天集成了 Spark 对于大数据的高性能吞吐能力和良好兼容性。其次，PiFlow 以算子形式实现了多种不同工具组件的封装，大大降低了组件开发的难度。再次，PiFlow 已经构建完成了完善的可视化编程环境和拖拉拽工具，能够快速实现不同插件的快速组合。最后，PiFlow 由我国科学家自主完成，能够满足自主可控的需求。

综合上述优缺点，选择 PiFlow 作为数据驱动计算育种的核心引擎。

二、数据获取关键技术

1. 数据提取与预处理技术

育种数据是多维异构数据，获得数据的方法涵盖田间人工采集、自动化设备观测、遥感、实验室设备产出、数据库整合集成、科研项目汇交等诸多类型，较为繁杂。但是整体上可以按照数据获取方式，分为一手数据和二手数据两大类。一手数据主要是指育种家或育种团体自行采集或获取的数据，例如，田间考察收集的数据、实验室设备产出的检验检测数据等；二手数据则主要是指育种家或育种团体获取的他人产出的数据，主要包括从数据库提取的数据、购买的卫星遥感数据、项目产生的汇交数据等。一手数据和二手数据的最大区别在于：首先，一手数据往往需要自行进行复杂的清洗和加工，而二手数据则需要进行可用性和可靠性评估；其次，一手数据需要自行进行元数据的生成，而二手数据则需要进行元数据的提取和转换。

除此之外，由于组学数据对数据驱动计算育种所发挥的不可替代的作用，未来数据驱动的计算育种中，组学数据将占据大部分比重。对数据获取和预处理的其他详细介绍见第四章。

2. 数据整合及数据库构建技术

具体的技术见本章。

三、直接服务育种实践的关键技术

1. 服务遗传机制挖掘的基因和基因耦合类机制挖掘计算应用

育种是受遗传学等基础科学认知指导的实践行为。对作物中重要基因及基因耦合的机制了解越深入，育种家在进行育种的过程中，就越可以精准地预测表型、设计目标和选择手段。因此，挖掘重要基因和多基因耦合，同样也是育种家的重要工作，也是数据驱动计算育种需要解决的重要问题。在过去，借助图位克隆等手段，计算育种一直是基因定位中重要的手段。而当前随着大量组学数据的积累，借助转录组等手段，联用多种组学技术进行数据分析，从而挖掘基因和基因耦合，成为数据驱动计算育种的重要方法。

表型预测技术的详细内容见第六章。

2. 服务材料评价和创制的表型预测应用

表型预测是育种领域的"圣杯"，是遗传学理论和作物学理论应用于种业创新的最重要方向。在人类文明的蒙昧时期，正是源于"龙生龙，凤生凤"式的朴素遗传学直觉，原始人类产生了以亲本表型预测子代表型的思维模型，并以这种思维模型为指导，坚持"优中选优"式的朴素育种实践，才使得漫长历史时期中随机产生的众多有利突变得以逐渐积累，构建了今天主要农作物种质资源的遗传基础。在当代，表型预测及服务表型预测的育种值估计等技术，是目前数量遗传学中最具有实际应用价值的组成部分之一。而在未来，随着育种过程日益复杂、育种目标日益高级、育种周期日益缩短、育种投入日益巨大，如何快速精准地实现对表型的预测将成为育种提速节本增效的关键。

因此，表型预测同样是计算育种技术的关键。在第四范式时代，表型预测也从过去的以模型为中心转向了数据驱动，在此技术上，联用多组学数据，形成新的表型预测技术和应用，并与核心引擎进行整合。

对于表型预测技术的详细内容见第七章。

3. 服务育种目标管理的基因型设计应用

随着人们生活水平的提高，以及环境变化加剧、粮食需求上扬等一系列问题，作物育种效率要求不断上升，育种周期不断缩减。要挖掘育种潜力，就要求针对不同育种目标、气候区、栽培手段，实现快速精准育种。以目前的传统育种和分子育种，无法在有限投入下满足这些要求。要提高育种的响应速度，就必须提升育种目标制定效率，增加育种的目的性，提升育种目标与最终基因型之间关系的把控能力。因此，需要通过基因型设计，实现从育种目标−育种目标基因型−育种方案之间的全程把握。

对于基因型设计技术的详细介绍见第八章。

4. 服务育种手段优化的遗传转化及基因编辑体系设计应用

转基因育种是当前育种潮流，是我国商业育种领域长期受制于政策而暂时落后的重要技术手段。2021 年 12 月 31 日，农业农村部第 18 次部常务会议审议通过了《农业农村部关于修改〈农业转基因生物安全评价管理办法〉等规章的决定》，并于 2022 年第 2 号部令对外公开，自 2022 年 1 月 21 日起施行。在新的《农业转基因生物安全评价管理办法》中，对转基因品种的研究、申报进行了鼓励和规范。2022 年，国家农作物品种审定委员会发布通知，印发《国家级转基因大豆品种审定标准（试行）》和《国家级转基因玉米品种审定标准（试行）》。转基因时代正在加速到来。

转基因有 3 个关键性的难题需要计算育种帮助解决。第一，目的基因的选取，无论是为材料中导入特殊功能蛋白的编码基因，从而直接实现抗虫、抗除草剂、合成新品质成分等一系列功能，还是导入其他基因，补全/延伸调控网络或代谢网络中的重要环节，从而实现对抗性、品质等表型的大幅度提升，都需要选择目的基因，并考虑导入目的基因后表达的时空特性，以及对原材料表达网络的整体扰动。第二，遗传转化体系的选择，选择合适的遗传转化体系，确保基因导入并顺利表达是转基因育种的基石环节，但玉米、小麦等多倍体作物遗传转化的阳性苗获取率始终较低。如何在实验数据的支撑下，基于作物特性、目的基因特征，计算不同转化方案的可靠性和成功率，将有效帮助转基因育种制订具体方案。第三，转化后材料的进一步改良。进行遗传转化后，不仅需要根据多种数据筛选阳性苗，而且需要设计后续试验，针对材料重新进行鉴定评价并设计回交等方案进行改良，这同样需要计算育种的支撑。

遗传转化及基因编辑体系设计的详细内容见第九章。

参考文献

郭瑞林，王占中，刘亚飞，等，2012. 作物同异育种智能决策系统的研制及其在小麦育种中的应用［J］. 河南农业科学，41（11）：6.

欧阳亦聘，陈乐天，2021. 作物育性调控和分子设计杂交育种前沿进展与展望［J］. 中国科学：生命科学，51（10）：1385-1395.

FAUX A M, GORJANC G, GARNOR P C, et al., 2016. AlphaSim：software for breeding program simulation ［J］. Plant genome，9（3）.

FRANCIS D, YARNES S, MCQUEEN J, et al., 2013. Developing topic groups into curriculum for crop improvement：evolution of the plant breeding and genomics community of practice ［C］//2013 ASHS Annual conference.

LIU H, TESSEMA B B, JENSEN J, et al., 2019. ADAM－Plant：A software for stochastic simulations of plant breeding from molecular to phenotypic level and from simple selection to complex speed breeding programs ［J］. Frontiers in plant science：9.

MATTHEWS D E, 2015. A Public API for Crop Breeding Data ［J］. Plant & animal genome.

MICALLEF A, YE G, DELACY I H, et al., 2006. ICIS（International Crop Information System）for Australian breeding programs ［C］//Acm international conference on intelligent user interfaces. ACM.

PORTA B, P FERNÁNDEZ, GA GALVÁN, et al., 2020. 'Gametes Simulator'：a multilocus genotype simulator to analyze genetic structure in outbreeding diploid species ［J］. Crop breeding and applied biotechnology（1）.

SINGH D P, SINGH A K, SINGH A, 2021. Phenomics and machine learning in crop improvement [J]. Plant breeding and cultivar development: 563 – 594.

第四章 关键数据获取方法研究

第一节 关键数据获取原则

数据是未来的石油，是驱动计算育种的关键原料。基于前文中对关键数据范畴的定义和用途的研究，笔者认为用以驱动计算育种的关键数据获取应基于"三性三易"的原则。

三性是指经济性、全面性和稳定性。

经济性：育种的本质是科技支撑下的产业创新，是农业这个社会性大产业中的一环，因此，必须考虑经济成本。在使用多种手段均可获取同样或类似数据的前提下，优先考虑经济成本。此外，在能够通过公共数据库、数据集获取可替代性数据的前提下，应尽量使用公共共享数据，不应进行重复性或半重复性工作。

全面性：无论是经典的 GWAS 等方法，还是神经网络等新兴计算技术，又或者传统的统计学手段，都要求数据抽样全面、维度丰富、覆盖广泛，因此，在数据获取的过程中，需要尽量保证数据的全面。

稳定性：育种是持续性工作，因此，必须保证数据的稳定性才能实现对计算的持续支撑。数据的稳定性包括两个方面，即时空稳定性和兼容稳定性。时空稳定性是由于育种数据围绕着种质资源和育种过程，同时还受环境等的影响，数据采集时必须尽量排除时空性因素的影响，或充分考虑时空影响。兼容稳定性是指数据尽量保证采集通用格式，确保后续多计算工具的可读、多版本可读和人工可读。

三易是指易操作、易保存和易利用。

易操作：主要是指数据获取的过程必须尽量简单直接。首先，在需要大量人力、复杂实验获得的数据，如田间表型等，尽量考虑通过自动化手段在保证一定数据精度的前提下降低操作难度；而在需要特殊仪器设备和设施获取的数据，如核酸序列、分子标记等，尽量考虑降低实验难度，确保结果可靠性。其次，在通过不同的方案获得的数据能一定程度上进行替代的基础上，尽量选择简单的实验方案。例如，可以通过 BSA 方法，直接通过构建基因池进行数据采集，替代对复杂的作图群体进行构建和采集，从而降低操作难度。

易保存：育种数据的易保存性主要包括保存成本、调度成本、保存时间、调用难度等。第一，育种数据属于多维异构数据，保存和调度过程中，往往涉及多维度、多数据集数据之间的耦合，一方面要尽量实现数据与数据之间的解耦；另一方面要保证数据间的关系，元数据记录等的完善同步保存。例如，转录组测序数据不仅要保存数据本身，而且还需要记录详细的实验设计、对应的参考基因组等。第二，考虑到数据获取场景复杂，户外无法保证数据的实时数字化录入和整理，应尽量降低数据现场记录保存的难度。第三，存在多种格式、多种载体、多种记录手段时，在确保信息损失较小的前提下，优先考虑采用体积小、成本低、易传播的方式，例如，在保存全基因组基因型数据时，可以仅保存高压的 fq 格式数据用于归档，其他直接采用 vcf 文件以降低体积和成本。

易利用：主要包括可统计、可挖掘和可共享。可统计主要是指在育种数据获取的过程中应确保生物学重复和其他重复数量，确保数据能够进行常规统计分析；可挖掘是指应按照后续计算育种中拟采用的方式方法，并依据技术发展趋势，尽量保证覆盖关键表型或关键机制的分析需求；可共享主要是指能够形成标准化的结构和通用性的格式，能够保证数据易于传播和易于理解。

第二节　关键数据分类

关键数据主要包括基因型数据、表型数据、环境数据、辅助数据和高通量数据。其中，由于高通量获取带来的组学等数据与传统获取方法获得的数据有较大区别，因此，单独将高通量数据列为一类。

一、基因型数据

基因型数据是最直接反映作物遗传多样性的数据，是育种选择的最终目标。在育种进入 3.0 以后，随着育种理论的进步和技术的发展，育种界普遍已经认识到，只有基因水平上保持稳定或受控稳定，才能实现作物品种的稳定性、一致性和价值性。

1. 基因型数据分类

基因型数据可以分为狭义的基因型数据和广义的基因型数据。狭义的基因型数据，仅包括育种材料的核酸序列数据；广义的基因型数据，既包括育种材料的核酸序列、甲基化、磷酸化等数据，又包括分子标记等间接反映基因型的数据。在育种进入 4.0 时代的今天，要满足后续计算的需求，应当从广义考虑基因型数据。

核酸序列：核酸是生物体内重要的遗传物质。主要包括 DNA 和 RNA，DNA 不同于其他分子，核酸在大多数时候，在同一个生命体内的不同细胞中，一致性较高。因此，DNA 作为育种中保证品种一致性时最重要的考查指标。而 RNA 则在生物体内表现出快速响应的特征，能够与生命活动快速联系。核酸序列在基因型数据中占据主导地位。

甲基化：甲基化指从活性甲基化合物上将甲基催化转移到其他化合物的过程，可形成各种甲基化合物，或是对某些蛋白质或核酸等进行化学修饰形成甲基化产物。甲基化会影响动植物 DNA 的表达水平，是需要考虑的内容。

磷酸化：磷酸化通过干预蛋白活性，进而调控 DNA 的表达。近年来，在抗性育种等场景下，发现磷酸化数据对解释机制非常重要。但是，对磷酸化数据如何服务新品种选育，仍处于探索阶段。

染色体数据：由于大量重要作物是多倍体材料，染色体工程在小麦、玉米、马铃薯等育种中至关重要。染色体数据包括染色体数量、来源、形态、特征等数据，能够让育种家快速对染色体水平进行分析。在进行多倍体材料的制备和创新中，染色体数据无法被分子标记数据所替代。

分子标记：分子标记是指能够反映个体材料或群体材料间差异的特异性 DNA 片段。由于分子标记的敏感性高、技术成熟、特异性好，因此，使用分子标记间接反应核酸序列，从而研究基因型是最可靠、最经济的手段。利用分子标记对品种进行辅助选育，是分子育种时代最重要的方法之一。

2. 基因型数据获取方法研究

核酸序列数据的获取方法可以分为传统方法获取和高通量测序获取两种。在此主要介绍传统方法获取，高通量测序获取的方法将在高通量数据处进行介绍。

分子标记检测：使用分子标记检测，主要包括标记设计、标记实验和数据计算处理三步。按照所采用实验手段的不同，可以包括 RFLP、SSR、RAPD、ISSR、SCOT 等多种，但是总体上流程区别不大。目前在育种上应用最广泛的方法是 SSR，尤其是结合高通量获取的全基因组数据，可以大大加快 SSR 的设计过程。在此经过测试 MISA、GMATA 等软件后，MISA 的整体性能和可靠性较好，适合进行批量设计。

Sanger 测序：虽然 Sanger 测序速度慢、成本高，已经不适合从全基因组水平进行基因型研究。但是毋庸置疑其拥有最高精准度，是对关键基因或序列进行测序时的金标准。Sanger 测序产出的峰图文件中，传统往往依赖于人工分辨和解读，虽然精准，但是效率较低。因此，基于 ABI 格式和 chromas 进行导出后，应当通过脚本工具的形式进行辅助解读。

FISH 杂交：在对染色体水平进行研究的过程中，往往使用荧光原位杂交（FISH）等方法进行研究。该方法产出的数据为荧光照片，目前仍需依赖人工研究和分析，是下一步研究和优化的对象。

二、表型数据

育种的最终目的是服务生产，而表型是直接关系到生产的最末端。表型是指某一生物体所具有的一切外表特征及内在特性的总和。表型数据在育种 3.0 以前，一直占据了育种数据的主要部分。

1. 表型数据分类

（1）农艺性状数据

农艺性状主要包括农作物的生育期、株高、叶面积、果实重量等可以代表作物特点的相关性状。农艺性状作为对产量影响较大的表型，是数据中较为重要的组成部分，是指导品种选育的重点。但是，农艺性状数据必须多种指标联合分析计算，才能起到较好的效果，单一指标往往无法发挥应有作用。

（2）抗性数据

在当前育种阶段，由于气候变化等客观因素的影响，抗性对决定品种的稳产、低投入等指标意义重大。一般来说，抗性包括抗逆、抗病、抗虫等。抗逆又可以分为抗旱、抗寒、抗高温、抗倒、抗涝等。抗性数据必须通过针对性的胁迫实验或侵染实验才能获得全面数据，这是与农艺性状数据的较大区别。

（3）生理数据

生理数据能够反映作物内部生长调控的变化，常常与分子机制间形成桥梁关系。生理数据常见的包括激素水平、特定元素含量和吸收特征、光合积累特征等。生理数据一般都需要针对性化验检验才能获取。

（4）品质数据

品质数据是服务品质育种，实现育种产业化的关键。品质数据主要包含重要品质指标内容，如蛋白质含量、支链淀粉含量、口感、香气、加工性能等。品质数据也需要进行针对性的检测才能获取，而且一般需要最终收获后才能进行检测。

2. 表型数据获取方法研究

（1）田间采集

田间采集又包括田间直接考察和田间实验获取两种。针对大部分农艺性状，可以通过田间测量的方法直接考察获取，但是对于抗性性状，一般需要进行针对性的压力实验，或者通过在不同病区、旱区进行针对性栽培实验，才能获取。

（2）实验室化验检验

实验室化验检验主要针对品质性状、生理性状等，一般不可直接人工观察，必须经过专业实验设备观察获取。

（3）人工评价

部分性状，如口感、香气、触感等性状，以及加工后的品质特征，必须依赖于人类自身的感官获取，暂时无法通过机器获得。尤其是一些花卉等景观作物的表型，需要专业人员借助经验作出评价。

（4）高通量获取

指通过高通量测序手段获取的表型，具体内容见高通量数据部分。

三、环境数据

环境是影响基因表达，导致同样基因产出不同表型的关键。广义的环境数据不仅包括气候数据、土壤数据，而且还应当包括栽培手段等数据。

1. 环境数据分类

（1）气候数据

气候数据主要包括温度、光照、降水、海拔、温度等一系列数据，直接影响作物生长环境，对作物表型影响巨大。

（2）土壤数据

土壤数据包括土壤类型、有机质、含水量、酸碱度等一系列土壤特征，是作物生长的重要影响因素。

（3）栽培数据

栽培数据包括栽培时间、种植模式、栽培密度、灌溉方法、肥水管控、农药使用等一系列在栽培过程中人工调控产生的数据。

2. 环境数据获取方法研究

（1）气象站调阅

对于长期、动态、大范围的气候数据，往往需要气象和地理专业仪器设备，经专业人士生产获得，对于这些数据，可以通过与气象和自然资源部门进行沟通后，经气象站调阅获得。对于山区小地块等特殊试验田，可以设置小型气象设备，进行数据补充。

（2）人工采集和记录

对于土壤、栽培手段等数据，往往依赖于人工采集、检测和详细记录。在记录的过程中，必须保证数据齐全，元数据完备，才能服务后续使用。

（3）高通量获取

遥感等高通量获取环境数据的方法，见后续高通量数据部分。

四、辅助数据

辅助数据是指在育种中起到重要辅助作用，但不直接从生长发育过程中获得的数据。

1. 辅助数据分类

（1）系谱数据

系谱数据主要指品种选育过程中产生的材料亲本系谱关系。通过对系谱的研究，可以分辨重要骨干亲本，以及材料中重要突变的来源，能够指导杂交配组等重要工作。系谱数据目前尚无标准化采集和记载的方法。经研究发现，应使用图数据库进行系谱数据存储和查询。

（2）产业数据

产业数据主要包括重要品种在产业推广过程中产出的社会经济数据，主要包括品种推广面积、经济效益、推广力度等数据。产业数据直接影响育种决策。

（3）社会文化数据

社会文化数据主要包括人们消费喜好、社会食品消费趋势、国内外生产形式、文化选择倾向等，能够辅助育种决策。

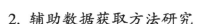

2. 辅助数据获取方法研究

辅助数据来源最多，类型最杂。对于辅助数据一般可以通过 3 种方法获取。第一种，文献调研，即通过对过去书籍、文献、档案馆资料等进行查阅，从中获得对应信息。第二种，实地考察和收集，即实地走访相关农户、企业、院所等，进行一手数据的调研和获取。第三种，数据库或数据平台获取，可以通过国家农业科学数据中心、国家种质库、Wind 等数据库进行检索获取。

五、高通量数据

过去，在种质资源研究中，针对分子水平的数据获取往往依赖于采用免疫组化、荧光定量 PCR 等实验所产生的单一数据。随着科学发展，在种质资源研究的数据产生阶段，发生了一场"工业革命"。自动测序仪、批量表型观测系统、高精度质谱等仪器的大规模应用，使得第一手数据的获取，由完全依赖于人工，逐渐向自动化、批量化转变。类似于工业革命带来的商品数量极大丰富，种质资源数据也在快速膨胀。这些数据在知识密度、数据规模、分析需求等方面具有类似的特征，可以统称为种质资源高通量数据。

组学（omics）是指从整体角度，对一个或多个生物体中某一类分子库所有结构、功能或动力学进行集体表征和量化的研究手段。组学与非组学的核心差异在于研究目标频谱的宽度。组学是针对某一类分子库的全谱进行研究，而非组学手段往往只针对一个或多个特定分子进行研究。

1. 高通量数据分类

目前在种质资源相关研究中，高通量数据可以依据研究方法和目标的区别，分为组学数据和非组学数据两大类；也可以依据使用研究手段和核心仪器设备的区别，分为高通量测序仪/基因芯片类仪器产出的核酸数据、质谱类仪器产出的高通量检测数据和多维传感器阵列/传感器组产出的高通量表型数据等（表4-1）。

表4-1 高通量种质资源数据的分类

分类	测序类	质谱类	传感器类
组学	基因组、外显子组、转录组、甲基化组等	蛋白组、代谢组等	表型组等
非组学	扩增子测序等	化学指纹图谱等	单一表型数据

（1）高通量测序仪/基因芯片类仪器产出的核酸数据

该类数据主要源于对种质材料的 DNA 或 RNA 进行的研究，也是目前种质资源研究中最常见的数据类型。其具体获取手段一般分为高通量测序仪和基因芯片两种。有别于以 Sanger 法为代表的传统核酸测序技术，高通量测序或基因芯片，能够同时对数以百万的核酸序列进行检测，其数据的产出速度能够达到传统技术的数千万倍。以 Illumina 公司在 2018 年推出的 Nova-seq 6000 测序平台为例，单台仪器可以在 44 h 内检测 200 亿条以上的序列，产出 6TB 左右的数据。这让种质资源科学家可以快速开展针对种质资源基因型的精细特征研究。

①使用高通量测序/基因芯片产生的组学数据

基因组：通过使用高通量 DNA 测序，科学家可以分析种质材料中整个基因组的功能和结构，并对不同材料进行对比。这不仅可以从遗传本质上阐述不同种质材料的差异，进而服务种质资源的分类、亲缘关系的计算，而且还可以服务后续优良性状关键基因的挖掘和应用，是种质资源研究中最重要的组学数据。

外显子组：结合高通量测序和外显子捕获技术，可以仅针对种质材料中的外显子区域进行测序。外显子组测序与基因组测序来说，不仅由于大大缩小了测序目标，从而降低了测序成本，而且可以使科学家聚焦于外显子的差异，从而降低了研究难度。但是，由于种质资源形成过程中的选择压力往往优先作用于外显子，在进行亲缘关系等研究中，外显子组适用性有限。而且由于内含子和非编码区同样具有重要功能，在种质资源研究中，外显子组并不能完全替代基因组。

转录组：转录组是整体水平上研究细胞中基因转录的情况及转录调控规律的研究方法。由于 mRNA 的合成和降解速度极快，具有良好的瞬时性特征，因此，在种质资源的精准鉴定和基因挖掘中，转录组是不可替代的重要研究手段。例如，在不同材料抗逆性研究中，科学家可以对不同耐盐性种质材料进行胁迫处理，然后检测其转录组水平的差异，进而寻找关键性的基因或者通路。近年来，得益于微流控芯片等技术的发展，单细胞测序技术进一步发展，转录组技术又分化出了 Bulk RNA-seq（总转录组测序）和 scRNA-seq（细胞转录组测序），能够从不同的组织精细程度上，进行更加精准的研究。

甲基化组：甲基化组是针对种质材料全基因组范围内所有 C 位点甲基化修饰水平的研究手段。科学家通过重亚硫酸盐测序（iSeq）、限制性内切酶-重硫酸盐测序（RBS）、甲基化 DNA 免疫共沉淀测序（MeDIP）等技术，可以对种质材料的甲基化修饰水平进行检测，从而在表观层面进行种质资源研究。例如，在群体材料的研究中，通过对群体中 DNA 甲基化变异的遗传基础及表型的联合研究，科学家可以获取辅助基因组变异结果的解释，获得更好的遗传力解释结果。

②使用高通量测序/基因芯片产生的非组学数据

扩增子测序：扩增子测序是针对基因组或基因池中特定区域进行扩增后构建出扩增文库，对扩增文库测序以研究遗传变异的方法。在种质资源研究中扩增子测序一般用于群体研究，科学家常针对 ITS 等高可变区域或某个特定靶点（一般为重要功能基因）设计引物，对群体基因池进行扩增和测序，然后对目标进行研究，得到群体结构等信息、服务群体材料的评价和研究。

（2）质谱类仪器产出的高通量检测数据

该类数据主要使用质谱对大分子进行研究，一般可以根据研究目标的区别分为蛋白型和化合物型。得益于质谱技术的发展，目前自动分析系统可以在 15 s 内完成一个样品的分析，总体通量可以达到 10 000 样品/48 h，并同时实现定性和定量，相对于传统蛋白测序仪等其他设备优势巨大。这使得种质资源科学家可以从中心法则的下游出发直接分析蛋白质积累和表达水平，或者直接检测关键性的激素或品质化合物，从而获取更加下游和直观的数据。但是，由于植物体内蛋白质的合成和降解速度远远小于 mRNA，其他化合物的合成和分解则更加缓慢，这使得该类数据往往无法直接反映瞬时变化，需要通过多个时间点的连续取样来排除积累背景，因此，仍无法完全替代转录组数据。

①使用质谱类仪器产出的组学数据

蛋白组：蛋白组学是研究种质材料中蛋白质组成及变化规律的方法。由于大多数生命活动的调控都依赖于酶，mRNA 表达为蛋白的过程中仍涉及调控，因此，蛋白组的变化往往比转录组的变化更加贴近最终情况。虽然蛋白组技术仍不完全成熟，一般能覆盖的频谱仅能占到裂解肽段全谱的 50% 以下，但是发展速度较快，预计未来 20 年内能够实现真正的全谱覆盖。在种质资源研究中，蛋白组又依据是否联用同位素标记等手段，分为 iTRAQ、LabelFree 等，常在不育性机制分析、转基因材料安全性评价，并常联合转录组进行关键性状的分子机制发掘。

代谢组：代谢组是对种质材料中所有小分子化合物类型和含量进行检测与分析的方法。一般来说代谢组主要针对相对分子量小于 1 000 的化合物进行研究，因此，避开了核酸和蛋白，但是覆盖了大多数的植物激素、信号分子、品质化合物，是不可替代的研究手段。虽然由于目前植物代谢物参考库构建仍不完善，代谢组数据中往往只有不足 30% 的化合物能够通过搜库得到鉴定，但其发展前景仍然乐观。在种质资源研究中，代谢组数据常用于信号通路的研究，并在种质材料的品质鉴定和分析中具有不可替代的作用。

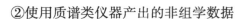

②使用质谱类仪器产出的非组学数据

化学指纹图谱：化学指纹图谱是指在一定条件下，针对不同种质材料的成株，或营养器官进行检测，并根据获取的特定谱图，或叠加谱图进行材料鉴定和筛选的技术手段。在重点针对品质性状进行的种质资源研究中，尤其是药用植物、保健食品、生物燃料植物等的种质资源研究中，常常根据多个有效成分的检测需求设定质谱检测条件，从而获得与品质密切相关的化学指纹图谱。这样可以根据人类最关心的经济性状（有效成分）进行种质资源的鉴定和鉴别，具有重大应用价值。

（3）多维传感器阵列/传感器组产出的高通量表型数据

随着电子信息工程的发展，尤其是微传感器、机器视觉、物联网等技术的应用，基于多种传感器有组织地连续获取作物多维度表型信息成为可能。目前，借助多源光学传感器阵列，在一个表型平台中能够连续获取 TB 级的成像数据，后续通过自动化的图像处理系统，实现对温室、大田等不同条件下快速、准确筛选目标性状突出的优异种质材料。此外，其他类似于根系水流通传感器等非成像类传感器，也同样从其他维度获取高通量的表型数据。在实际应用中，往往综合使用多种针对植物、环境的传感器，从而系统获取种质材料在特定环境中的表型特征。高通量表型数据配合自动化的分析处理技术，不仅能够大大降低种质材料表型鉴定的成本，而且能够连续无损获取数据，服务种质资源精准鉴定和筛选。

①使用多维传感器阵列/传感器组产出的组学数据

表型组：表型组是通过集成自动化平台装备和信息化技术手段，获取多尺度、多生境、多源异构的种质材料表型数据的方法。在种质资源研究中，表型组数据能够帮助科学家获取群体多维表型数据和环境数据，从而分析基因型-表型-环境型内在关系、全面揭示特定性状的形成机制。

②使用多维传感器阵列/传感器组产出的非组学数据

这些数据主要侧重于表型的某些侧面，由于不涵盖所有表型，虽然数据量较大，但是也不能称为表型组数据。例如，利用根际传感器阵列获取的大规模根际水吞吐数据等。

2. 高通量数据获取方法研究

高通量数据的获取方法如上文所示，严格依赖于对应的仪器设备，在此不作重复说明。但是必须注意，在能够获取类似数据的具体手段存在多样性时，尽量使用数据采集量最大、最全面的手段，保证数据能够重复利用。例如，在经费充裕的条件下，对基因组应该优先采用二代+三代平台，采集全基因组水平的信息。

第三节　重要数据库

如表4-2所示，列出了部分常见的重要数据库，包括通用性数据库和模式作物水稻、模式植物拟南芥的部分重要数据库。除去这些数据库外，还有大量的其他作物专属数据库，在此不再一一介绍。

表4-2　常见的重要育种数据库

Types	Web	Detail
RNA 数据库	RNAcentral	ncRNA 数据库，包含各个物种的 RNA 数据
	CSRDB	小 RNA 数据库，该数据库包含了 miRNA、siRNA、ta-siRNA 的信息
综合性数据库	Gramene	作物基因组信息的数据库，同时具备高级的各基因组间的分析功能
	Bar	大型植物综合性数据库网站
	NCBI	最大的综合数据库
	国家农业科学数据中心	我国最大的农业科学数据库
	国家种质库	世界最大的种质资源数据库，并配套实体资源
植物基因组序列、SNP 及功能基因组数据库	Funricegene	模式作物水稻的功能基因数据库
	TAIR	模式植物拟南芥基因组数据
	mbkbase	植物基因组数据库
	ricevarmap	水稻 snp 数据库，包括 4 000+份水稻的重测序数据
	NIP（MSU）	日本晴参考基因组网站
生物元件分析数据库	iGEM	麻省理工生物元件数据库
	Promoter Scan	启动子预测
	ORF Finder	ORF 预测
	PlantPan3.0	启动子分析网站，仅可以有效地应用于植物启动子中关键顺式和反式调控元件的预测，而且可以在特定条件下重建转录因子-靶点之间的高置信度关系
基因同源及进化分析	Gcorn plant	一键了解基因的所有同源基因及进化关系
	Phytozome	最常用的植物同源性分析网站
基因表达谱数据库	RICEXPRO	模式作物水稻的表达谱数据库
	PPRD	45 000 个作物 RNA-seq

（续表）

Types	Web	Detail
蛋白研究及功能预测数据库	uniProt	包含三大蛋白质序列数据库：Swiss-Prot（最准）、TrEMBL 和 PIR
	PFAM	最常用的蛋白结构域搜索数据库
	PDB	PDB 存储生物大分子 3D 结构。这些生物大分子除了蛋白质以外还包括核酸以及核酸和蛋白质的复合物。只有通过实验方法获得的 3D 结构才会被收入其中
	swiss-model	三级结构预测，同源建模网站
	expasy	蛋白功能结构域预测网站
	smart	蛋白功能预测网站
	interpro	蛋白序列结构域分析预测网站
其他	BIOsoft	序列在线处理工具网站
	Funricegene	水稻功能基因数据库

参考文献

崔锦，王丽萍，2021. 番茄育种现状及发展趋势 ［J］. 安徽农学通报，27（6）：21-23.

郭庆华，杨维才，吴芳芳，等，2018. 高通量作物表型监测：育种和精准农业发展的加速器 ［J］. 中国科学院院刊，33（9）：940-946.

胡鹏程，2018. 基于无人机近感的高通量田间作物几何表型研究 ［D］. 北京：中国农业大学.

黄怡淳，2022. 中国作物育种研究热点与发展趋势：基于创新要素供给视角 ［J］. 农业图书情报学报，34（5）：31-46.

蒋志农，周玉苹，陈天蓉，1985. 数量遗传在水稻育种上的应用问题刍议 ［J］. 云南农业科技（2）：12-15.

李峰，2018. 高通量分子育种技术助力小麦育种 ［J］. 中国农垦（6）：39.

李伟，2017. 高通量作物表型检测关键技术研究与应用 ［D］. 合肥：中国科学技术大学.

李勇，2009. 水稻柱头几个数量性状的研究与 QTLs 遗传定位分析 ［D］. 成都：四川师范大学.

刘龙钦，2016. 晚籼杂交水稻重要性状的数量遗传研究 ［D］. 福州：福建农林大学.

刘昔辉，2018. 甘蔗与河八王杂交后代的遗传、DNA 甲基化及抗旱基因挖掘
　　［D］. 南宁：广西大学.

芦连勇，卢道文，孙海潮，等，2017. 玉米育种中高通量数据采集技术的利
　　用与展望［J］. 农业科技通讯（8）：6-9.

马可欣，2022. 玉米籽粒代谢性状的双列杂交分析［D］. 扬州：扬州大学.

马莹，2020. 玉米籽粒代谢物的数量遗传分析［D］. 扬州：扬州大学.

毛孝强，余腾琼，林谦，等，2003. 我国水稻品质性状数量遗传研究进展
　　［J］. 云南农业大学学报（2）：203-207.

孟淑华，2021. 小麦常规育种技术发展趋势与优化措施［J］. 农业灾害研究，
　　11（5）：168-169.

石学彬，赵珅，刘世家，2019. 我国水稻育种创新趋势与发展对策：基于近
　　12 年国家审定水稻品种信息［J］. 江苏农业科学，47（5）：9-12.

宋正峰，刘树森，夏连芹，等，2022. 甜瓜育种技术与方法研究进展
　　［J］. 中国瓜菜，35（6）：1-8. DOI：10.16861/j.cnki.zggc.2022.0151.

田中一久，焦其芬，2022. 日本草莓栽培现状与育种趋势［J］. 落叶果树，
　　54（1）：1-7.

王公卿，2021. 浅析小麦常规育种技术的发展趋势与优化措施［J］. 河南农
　　业（22）：22.

王守创，2018. 番茄育种过程中代谢组的变化及遗传基础研究［D］. 武汉：
　　华中农业大学.

王勇健，孔俊花，范培格，等，2022. 葡萄表型组高通量获取及分析方法研
　　究进展［J］. 园艺学报：1-19.

武玉莹，2020. 小麦高通量 STARP 标记的开发和验证［D］. 北京：中国农
　　业科学院.

徐杰飞，郭泰，王志新，等，2022. 超高产大豆育种趋势［J］. 大豆科技
　　（2）：1-3.

徐利锋，2011. 整合水稻形态，生理及数量遗传因子的功能与结构模型构建
　　［D］. 杭州：浙江大学.

徐利锋，Gerhard Buck-Sorlin，丁维龙，等，2017. 整合数量遗传信息的水稻
　　虚拟生长模型研究进展［J］. 生物数学学报，32（3）：376-388.

佚名，2019. 高温胁迫下 DNA 甲基化调控棉花育性的潜在机制被解析
　　［J］. 种业导刊（12）：34.

银航，窦雪绒，张云霞，等，2018. 花椒属植物育种的研究进展与发展趋势
[J]. 陕西农业科学，64（9）：93-95.

袁平丽，2021. 西瓜果实代谢组的生化及遗传基础研究[D]. 武汉：华中农
业大学.

翟晨光，刘龙飞，姚远，等，2018. 高通量种子切片技术研究及其在作物育
种中的应用[J]. 中国科学院院刊，33（9）：947-953.

张健，2018. 国家水稻分子育种平台[J]. 湖南农业（2）：10.

张振良，陆虎华，黄小兰，等，2020. 江苏省糯玉米育种研究进展及产业发
展趋势[J]. 金陵科技学院学报，36（2）：65-69.

朱强，2018. 肉牛遗传育种与繁殖技术发展趋势[J]. 畜牧兽医科技信息
（7）：4-5.

祝光涛，王守创，罗杰，等，2019. 番茄育种重建果实代谢组[J]. 科学新
闻（2）：43.

邹枚伶，2018. 木薯高通量基因组和表观组分析及重要复杂性状 QTL 和表观
QTL 解析[D]. 武汉：华中农业大学.

左之良，2016. 白刺参基因组微卫星多态性及 DNA 甲基化分析[D]. 上海：
上海海洋大学.

BARDAKCI F, 2001. Random amplifed polymorphic DNA（RAPD）markers
[J]. Turkish journal of biology, 25：185-196.

BOISSEL S, JARJOUR J, ASTRAKHAN A, et al., 2014. MegaTALs：A rare-
cleaving nuclease architecturefor therapeutic genome engineering[J]. Nucleic
Acids Res., 42：2591-2601.

CARLSON D F, TAN W, LILLICO S G, et al., 2012. Efficient TALEN-
mediated gene knockout in livestock. Proc[J]. Proceedings of the national a-
cademy of sciences of the United States of America, 109：17382-17387.

CHARI R, MALI P, MOOSBURNER M, et al., 2015. Unraveling CRISPR-
Cas9genome engineering parameters via a library-on-library approach[J].
Nature methods, 12：823-826.

CIARAN M L, THOMAS J C, ELI J F, et al., 2015. Nuclease target site selec-
tion for maximizing on-target activity and minimizing off-target effects in genome
editing[J]. Molecular therapy, 3：475-487.

COLLARD B C Y, JAHUFER M Z Z, BROUWER J B, et al., 2005. An introduction to markers, quantitative trait loci (QTL) mapping and marker-assisted selection for crop improvement: the basic concepts [J]. Euphytica, 142: 169-196.

CUBILLOS F A, STEGLE O, GRONDIN C, et al., 2014. Extensive cis-regulatory variation robust to environmental perturbation in Arabidopsis [J]. Plant cell, 26: 4298-4310. doi: 10. 1105/tpc. 114. 130310

DENG X, CAO X F, 2017. Roles of pre-mRNA splicing and polyadenylation in plant development [J]. Current opinion in plant biology, 35: 45-53.

DOENCH J G, FUSI N, SULLENDER M, et al. 2016. Optimized sgRNA design to maximize activity and minimize off-target effects of CRISPR-Cas9 [J]. Nature biotechnology, 34: 184-191.

EECKHAUT T, LAKSHMANAN P S, DERYCKERE D, et al., 2013. Progress in plant protoplast research [J]. Planta, 238, 991-1003.

GARRIDO-CARDENAS J A, MESA-VALLE C, MANZANO-AGUGLIARO F, 2018. Trends in plant research using molecular markers [J]. Planta, 247 (3), 543-557.

HENRY V J, BANDROWSKI A E, PEPIN A S, et al., 2014. OMICtools: An informative directory for multi-omic data analysis [J]. Database (Oxford) .

ILLA-BERENGUER E, VAN HOUTEN J, HUANG Z, et al., 2015. Rapid and reliable identification of tomato fruit weight and locule number loci by QTL-seq [J]. Theoretical & applied aenetics, 128: 1329-1342.

JENKO J, GORJANC G, CLEVELAND M, et al., 2015. Potential of promotion of alleles by genome editing to improve quantitative traits in livestock breeding programs [J]. Genetics selection evolution, 47: 55.

JINEK M, CHYLINSKI K, FONFARA I, et al., 2012. A programmable dual-RNA-guided DNA endonuclease in adaptive bacterial immunity [J]. Science, 337: 816-821.

KIM S, KIM D, CHO SW, et al. , 2014. Highly efficient RNAguided genome editing in human cells via delivery of purified Cas9 ribonucleoproteins [J]. Genome research, 24 (6): 1012-1019.

LAIBLE G, WEI J, AND WAGNER S, 2015. Improving livestock for agriculture-technological progress from random transgenesis to precision genome editing heralds a new era [J]. Biotechnology journal, 10 (1): 109-120.

LEE C M, CRADICK T J, FINE E J, et al., 2016. Nuclease target site selection for maximizing on-target activity and minimizing off-target effects in genome editing [J]. Molecular therapy, 24: 475-487.

LEPPEK K, DAS R, BARNA M, 2018. Functional 5′UTR mRNA structures in eukaryotic translation regulation and how to find them [J]. Nature reviews molecular cell biology, 19 (3): 158-174.

LIANG G, ZHANG H M, LOU D J, et al., 2016. Selection of highly efficient sgRNAs for CRISPR/Cas9-based plant genome editing [J.] Scientific reports, 6: 21451.

LILLICO S G, PROUDFOOT C, CARLSON D F, et al., 2013. Live pigs produced from genome edited zygotes [J]. Scientific reports, 3: 1-4.

LIU H, DING Y, ZHOU Y, et al., 2017. CRISPR - P 2.0: An improved CRISPR - Cas9 tool for genome editing in plants [J.] Molecular plant, 10, 530-532.

LIU H, WEI Z, DOMINGUEZ A, et al., 2015. CRISPR-ERA: A comprehensive design tool for CRISPR - mediated gene editing, repression and activation [J]. Bioinformatics, 31: 3676-3678.

LIU X, WANG Y, TIAN Y, et al., 2014. Generation of mastitis resistance in cows by targeting human lysozyme gene to β-casein locus using zinc-finger nucleases [J]. Proceedings of the royal society B, 281.

LUCHT J M, 2015. Public acceptance of plant biotechnology and GM CROPS [J]. VIRUSES, 7: 4254-4281.

LUO J, SONG Z, YU S, et al., 2014. Efficient generation of myostatin (MSTN) biallelic mutations in cattle using zinc finger nucleases [J]. PloS One, 9: e95225.

MACKILL D J, NGUYEN H T, ZHANG J, 1999. Use of molecular markers in plant improvement programs for rainfed lowland rice [J]. Field Crops Researth, 64: 177-185.

MURRAY J D, AND MAGA E A, 2016. Genetically engineered livestock for agriculture: A generation after the first transgenic animal research conference [J]. Transgenic Researth, 25: 321-327.

ORTIZ R, 2010. Molecular plant breeding [J]. Crop Science, 50: 2196-2197.

PACHECO-MARÍN R, MELENDEZ-ZAJGLA J, CASTILLO-ROJAS G, et al., 2016. Transcriptome profle of the early stages of breast cancer tumoral spheroids [J]. Scientific reports, 6: 23373.

PANDIARAJAN R, GROVER A, 2018. In vivo promoter engineering in plants: are we ready [J/OL]. Plant Science, 277: 132 – 138. https://doi.org/ 10.1016/j.plantsci.

PROUDFOOT C, CARLSON D F, HUDDART R, et al., 2015. Genome edited sheep and cattle [J]. Transgenic Research, 24: 147-153.

QIN Z R, WU J J, GENG S F, et al., 2017. Regulation of FT splicing by an endogenous cue in temperate grasses [J]. Nature communications, 8: 14320.

RATH D, AMLINGER L, RATH A, et al., 2015. The CRISPR-cas immune system: Biology, mechanisms and applications [J]. Biochimie, 117: 119-128.

REYES L M, ESTRADA J L, WANG Z Y, et al., 2014. Creating class I MHC-null pigs using guide RNA and the Cas9 endonuclease [J]. Journal of immunology, 193: 5751-5757.

SCHEBEN A, WOLTER F, BATLEY J, et al., 2017. Towards CRISPR/ Cas crops—Bringing together genomics and genome editing [J]. New phytologist, 216: 682-698.

STORME N D, AND MASON A, 2014. Plant speciation through chromosome instability and ploidy change: cellular mechanisms, molecular factors and evolutionary relevance [J]. Current opinion in plant biology, 10 – 33. doi: 10. 1016/j.cpb.2014.09.002.

TAN W, CARLSON D F, LANCTO C A, et al., 2013. Efficient nonmeiotic allele introgression in livestock using custom endonucleases [J]. Proceedings of the national academy of sciences, 110: 16526-16531.

TAN W, PROUDFOOT C, LILLICO S G, et al., 2016. Gene targeting, genome editing: From Dolly to editors [J]. Transgenic Research, 25: 273-287.

VAN DEN BROECK L, GORDON M, INZÉ D, et al., 2020. Gene regulatory network inference: connecting plant biology and mathematical modeling [J]. Frontiers in genetics, 11, 457.

VAN RADEN P M, OLSON K M, NULL D J, et al., 2011. Harmful recessive effects on fertility detected by absence of homozygous haplotypes ［J］. Journal of dairy science, 94: 6153-6161.

WEI J, WAGNER S, LU D, et al., 2015. Efficient introgression of allelic variants by embryo-mediated editing of the bovine genome ［J］. Scientific reports, 5: 11735.

WEST J AND GILL W W, 2016. Genome editing in large animals ［J］. Journal of equine veterinary science, 41: 1-6.

WITTKOPP P J, HAERUM B K, et al., 2004. Evolutionary changes in cis and trans gene regulation ［J］. Nature, 430: 85 – 88. doi: 10. 1038/nature02698.

WOLTER F, KLEMM J, PUCHTA H, 2018. Efficient in plantain planta gene targeting in Arabidopsis using eggcell-specific expression of the Cas9 nuclease of Staphylococcus aureus ［J］. The plant journal, 94 (4): 7.

XIE K, ZHANG J, YANG Y, 2014. Genome-wide prediction of highly specific guide RNA spacers for CRISPR-Cas9-mediated genome editing in model plants and major crops ［J］. Molecular plant, 7: 923-926.

XU H, XIAO T F, CHEN C H, et al., 2015. Sequence determinants of improved CRISPR sgRNA design ［J］. Genome Research, 25: 1147-1157.

XUE C X, ZHANG H W, LIN Q P, et al. , 2018. Manipulating mRNA splicing by base editing in plants ［J］. Science China. Life sciences, 61 (11): 1293-1300.

ZHANG X, HIRSCH C N, SEKHON R S, et al., 2016. Evidence for maternal control of seed size in maize from phenotypic and transcriptional analysis ［J］. Jjournal of experimental botany, 67: 1907 – 1917. doi: 10. 1093/jxb/erw006.

第五章 基于本体的多源异构育种数据库构建技术研究

第一节 研究现状

伴随着科技的迅速发展，越来越多的作物育种方法不仅使用表型直接观察，而且是在基因组水平上运用现代化的生物技术和生物信息学来解决问题。例如，运用基因型与分子辅助选育相结合，可以快速筛选优良性状，服务作物高产和品质育种等。尤其是随着各作物全基因组测序工作的陆续完成，近 10 年来育种技术加速变革，我国作物育种产业体系采用新方法育成一系列适宜大规模机械化、高产高质的新品种，并对传统品种实现了快速替代。通过组学分析解析样本之间的基因变异、表达差异、表观修饰等多种组学调控模式，对于探究作物产量、品质的形成具有极大的帮助。

随着生物信息学领域的不断发展，育种工作者在遗传进化、抗病抗逆机制、作物生长发育代谢等方面的科研工作，可以直接根据测序结果开展。针对育种数据具有多样性这一特性，许多不同的分析方法被开发出来，这使得在生物学不同的问题中，可以用不同的测序手段进行解决。随着多种作物多源异构育种数据库的相继公开，使用者可以直接在这些数据库中查找结果，而之前需要大量的计算工作，这使得科研工作的展开更加方便。

2018 年，我国建立了完全属于自己的综合性生物信息数据资源中心（Big Data Center），到目前为止，国际上有许多受到认可的数据库，例如，在 1988 年由美国国家生物信息技术信息中心建设的信息库（NCBI），日本数据库 DDBJ（DNA Data Bank of Japan）和 EMBL-EBI，这些数据库中的数据彼此互相共享同步，承担着数据的储存、整合、收集及基因注释等多种作用。

但是对于普通使用者来说，作物原始数据的下载与分析具有一定难度，相比之下这一群体更容易掌握二级专属数据库使用方法。一些面向特定领域的生物二级数据库，如面向临床与变异开发的 ClinVar、Genetic Testing Regidtry、MedGen、dbSNP、DbVar and DGVa 等众多数据库，随着科研领域的细分以及育种数据量的增加得以开发。还有通过收集和整合已经发布的 circRNA 数据构建的可供挖掘互作信息及筛选的 circBase 与 starBase 数据库，这些面向不同育种数据分析及注释方向的数据库也得以开发使用。在农业领域，有 RiceVarMap，提供变异挖掘的水稻基因组变异综合数据库，基于水稻基因组与多个大规模重测序数据集和 Rice SNP-Seek Database，该数据库综合了表型性状与整合 GWAS 信息，以及包括多个参考基因组、基因组注释和群体遗传多态信息，应用于功能基因组研究和分子育种的知识库 MBKbase 等。

本章主要从多源异构育种数据库的核心技术方面进行论述，如获取本体数据并对数据进行处理，本体注释关联发布、多源育种数据集元数据融合，以及异构育种数据实体数据融合。

第二节 未来发展趋势

在未来，随着育种产业的发展，育种数据整合和数据库的构建将会呈现出以下趋势。

一、数据类型更加丰富

近年来育种数据的类型呈现出爆发性的膨胀。不仅形成转录组、表型组等过去不曾有过的数据形态，而且在传统的环境、表型、生理等数据的层面上，也依赖观测手段的进步，形成了诸如空天遥感数据、甲基化/磷酸化等新的数据类型。可以预估，未来数据类型将会进一步膨胀，数据融合和数据管理难度将会进一步增大。

二、整合程度更高

由于育种数据量持续非线性快速增加，分析算法也越来越多、越来越复杂，对于数据的需要量和数据标准化程度的要求也随之上扬，这首先使得人工分析的难度逐渐上升，机器分析的需求量越来越大；其次，机器分析的需求上升，又反过来对数据标准化程度提出了更高要求。例如，在人工分析简单田间表型的时代，育种家无论是在田间使用计算器，还是在电脑上通过 Excel、SPSS 等工具进行计算，都可以随时根据需求调整和处理数据，因此，对数据整合度的要求不高。但是在未来，自动化的机器计算，必须要求输入的数据尽量标准和规范，这就对数据整合提出了更高要求。

三、数据调度更加智能

由于有价值的数据表现出越来越海量、复杂的特征，进行分析和计算时，就需要从数据总体中智能化地抽取样本或者泛型，进而才能确保计算工具对数据的需求。此外，由于计算环节越来越多，要满足数据需求也越来越依赖于自动化调度。

第三节 基于本体的多源异构育种数据库构建技术研究

一、本体数据的获取和处理

常见的育种领域本体包括基因本体（GO）、作物本体（PO）、表型本体（TO）、序列本体（SO）、细胞本体（CLO）等。这些本体已经完成了领域内重要术语的解释及关系构建。但是，这些本体往往还处于孤立阶段，每个本体系统仅提供本体内部术语间的关系，不提供跨本体的关系构建。而且每个本体都是孤立文件，需要进行加工。

大多数本体以 OBO 格式或者 OWL 格式提供数据文件。由于 OBO 格式更为生物学领域所接受，所以第一步使用 OBO Editer 工具将所有本体系统转换为 OBO 格式。

第二步，由于关系数据库难以保存本体术语之间的海量关系，查询和吞吐效率都受到一定制约。因此，要使用我国自主开发的 HugeGraph 图数据库，设计专用 schema 文件，导入所有本体。

第三步，对于在本体的说明性文件中，已经提示了与其他本体之间关系的术语，直接根据术语 ID 进行跨本体查找和关系搭建；对于未提供的，则首先将上位术语间构建关系，然后利用推理工具，构建下位术语间关系。

二、融合多源育种的数据集元数据

不同来源的育种数据其结构也有一定差异，即使是具有相同的来源，也可能会因为各方面因素而形成差异。

无论是多源数据还是单一数据，均具有较高的价值。对遗传育种学研究来说，丰富的数据更有利于进行工作，因此，需要尽可能多地对有不同来源的作物育种数据进行整合。然而由于元数据不同，即使是同一来源的育种数据，格式相同甚至类似，也不能直接被融合。目前 bioMart、GO 等方法，主要从微观角度进行解决。但如果对该问题进行彻底解决，就需要从元数据的整体角度出发，得到系统方案。

1. 元数据的主要特征

到目前为止，多源育种数据元数据的特征主要按照其数据来源、育种中的分类，以及不同的标准进行划分，主要特征如下。

（1）在多源育种数据的元数据中字段差异明显

多源育种数据的元数据主要分为两种字段：分别是通用性字段和个性化字段。通用性字段，一般指在各种不同情况和需求中都能广泛应用的字段，如物种名称、学名等；个性化字段则是每个数据库单独含有的字段，如在 Sample 级中 NCBI 对应着的独有的 Project 字段。所以对于一个数据库来说想要包含更多的数据信息，制定一个标准对不同的字段进行选择是非常重要的。

（2）标识信息具有多样性

标识信息代表着数据的详细信息，但是由于育种数据自身在不同的数据库会产生不同的标识信息，所以对应得到的标识信息也复杂各异。由此可知由于标识信息的复杂多样，在建设新的生物二级数据库时，应该对其先进行分析，得到准确的编码规则，才可以对育种数据从元数据方向进行整理重新组合。

（3）具有较多数量的空值字段

每个平台对于存在差异的组织部位样本，都有独立的参数设置，这会使育种数据自身的特性更加明显。当使用者在测序后没有完整保存原始信息，就会导致在上传数据到公共数据库时，元数据字段有大量空值情况发生。

2. 元数据抽取与标准制定

依据元数据特征，在多源育种数据元数据中搜集 XML 元数据文件，然后进行下载，提取信息字段后将其提交。在多数据库中下载不同格式的元数据文件，保留其与实体数据的关联，最后编写脚本进行统一处理。

制定元数据标准，规范多源异构育种数据库标准体系，必须遵守以下原则。

尽量保留多源育种数据原始元数据含有的重要数据。使用"并集"的原则，尽量包含全部元数据字段中有价值的信息，如在 EMBL 中得到 7 个重要的字段信息在同一类型的元数据，在 NCBI 中得到多个字段信息，在分析中得到其中 4 个类似的字段数据，据此原则，最后在其标准下得到 11 个字段是符合的。

对于元数据的相关标准，我国已进行规定，其中在对于转换元数据字段为非汉字语言时需要结合汉语进行。

尽可能充分使用精简字段，但是必须保留有重要价值元数据字段的相应信息，要和尽可能多的生物信息数据库的现行规范相匹配，并同时满足科研人员的使用需求和《科技平台　资源核心元数据》的要求。

3. 元数据转换

无论元数据字段是来自何种源头数据库，都需要将其转换为元数据的标准字段，所以对于面对两个元数据集合均不同，但是需要数据项对应关系的问题时，可以假设一组元数据和进行映射。

设定 A 数据库元数据为集合 $A = \{A_1, A_2, A_3, \cdots, A_n\}$，多源育种数据元数据为集合 $B = \{B_1, B_2, B_3, \cdots, B_n\}$，$A$ 数据库元数据与多源育种数据元数据之间存在多种关系的映射，分别如下。

第一种，$1:n$ 映射方式。即在 N 中某个数据把它设为 a_1，将 a_1 通过相应的数据处理变换得到 $b_1, b_2, b_3, \cdots, b_n$，再将这些变换好的数映射为 $b_{j1}, b_{j2}, b_{j3}, \cdots, b_{jn}$，最终将 A 数据库元数据集合中的数据转换成 S 数据库集合中的数据项。

第二种，$n:1$ 映射方式。这种映射方式是上一种映射方式的反向转换过程。可以将多数据项中的数据进行合并，即可以利用映射的相关方法将集合中含有的多个数据项转化成其他集合中的一个数据项。

第三种，为 $1:1$ 的映射方式，一一对照，即 A 和 S 中的某个数据项完全可以匹配。

根据这三种数据映射关系可以最终实现将多源育种数据进行合并，完成关于两个元数据之间互相转化的难题。

4. 异构育种数据实体数据融合

育种研究的目标，在于建立一个集体表征和量化生物分子特征库，并将其转

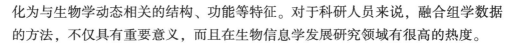

化为与生物学动态相关的结构、功能等特征。对于科研人员来说，融合组学数据的方法，不仅具有重要意义，而且在生物信息学发展研究领域有很高的热度。

5. 多源异构组学数据组织和基础融合

相关研究中，都要充分利用基因组学的研究，并且作物种质品种是作物多源异构组学数据的共通点。即使是同一物种名称的作物种质品种，也可能会具有不同的来源，每个种质资源都需要分配独特的识别号码，以便与多源育种数据关联。典型的种质资源包含多种类型的数据，如基因型数据、转录组数据、代谢组数据和表型组数据等。最终目标是构建一种以种质基因组学为核心的崭新育种数据组织结构模式。

表型和基因型的融合原理是指将表型和基因型的数据进行整合，以便更全面地理解生物体的遗传构成及其与环境之间的相互作用。揭示两者之间的关系，最终利用这个关系，建立一种全新的数据组织模式，从而可以更好地对生物体的性状进行预测和理解。基因型是描述一个生物体基因信息的总体，它揭示了生物体的遗传组成。相比之下，表型是个体基因型与其所处环境互动而显现出的特征集合。

基于代谢组和基因组融合的原理是代谢作为生物反应的末端过程，其调控目标通过酶的调控和催化来实现。酶的表达与 mRNA 相关，这意味着代谢组与转录组的数据可以通过底物（化合物）–酶（蛋白质）–对应 mRNA 的关联关系进行映射和融合。同时，通过转录组和基因组的关系，最终实现代谢组和基因组之间的融合。

三、本体网络支撑下的数据组织

本体网络支持下的数据融合采用以下途径和方法进行。

1. 本体注释

使用多种注释工具，对数据进行注释，实现同一数据的多本体多术语注释。同时，构建关系表保存注释信息。数据与注释表统一使用 SQL 进行存储，与 Hugegraph 节点形成一对多关系。

2. 关系映射和重现

根据关系表，将数据间关系映射为术语间的本体关系，使用 jena 推理机，根据术语间关系，重现数据的上下位性质，从而实现关系映射和重现。此时，使用唯一 ID 作为主要的查询依据。

3. 数据再组织

基于关系重新构建数据组织表，将数据的唯一 ID 等关键新型进行记录，从而根据唯一 ID，实现数据的再组织。

参考文献

曹恒春，2013. 烟草特异性分子标记的开发与遗传育种数据库的构建 ［D］. 泰安：山东农业大学.

陈瑶生，1988. 育种资料数据库管理系统设计 ［J］. 中国畜牧杂志（4）：23-25.

鄂志国，2009. 水稻生物学数据库的构建 ［D］. 杭州：浙江大学.

樊龙江，王卫娣，王斌，等，2016. 作物育种相关数据及大数据技术育种利用 ［J］. 浙江大学学报（农业与生命科学版），42（1）：30-39.

黄锦，李绍明，2014. 基于手机的玉米育种田间数据采集系统设计 ［J］. 农机化研究，36（6）：193-197.

黄英金，刘宜柏，1992. 植物育种试验数据的计算机处理系统（PBDPS）［J］. 江西农业大学学报，14（4）：405-411.

吉田智彦，1985. 甘薯育种试验的数据库化 ［J］. 国外农学-杂粮作物（2）：36-39.

姜海燕，朱艳，汤亮，等，2009. 基于本体的作物系统模拟框架构建研究 ［J］. 中国农业科学，42（4）：1207-1214.

刘铁芳，2005. 油菜遗传育种研究数据库的建立 ［D］. 武汉：华中农业大学.

卢新雄，崔聪淑，1993. 国家种质库的种质信息处理与管理 ［J］. 种子（2）：3.

孙日飞，钮心恪，1987. 大白菜杂交育种数据的计算机管理系统 ［J］. 中国蔬菜，1（2）：43-48.

索俊锋，刘勇，2016. 基于农业本体的语义相似度算法及其在农作物本体中的应用 ［J］. 农业工程学报，32（16）：8.

陶皖，姚红燕，2007. OWL 本体关系数据库存储模式设计 ［J］. 计算机技术与发展，17（2）：4.

魏鞴，魏山，肖小朋，2008. 基于 BNF 的 OBO 规范化和 OWLDL 转换研究 [J]. 井冈山大学学报（自然科学版）（6）：3.

徐维，2015. 本体应用中术语本体和信息本体解析：以生物医学信息学领域为例 [J]. 图书馆杂志，34（6）：6.

许庆炜，2010. OBOParser，一个基于语义网的开放生物学本体解析器 [J]. 湖北第二师范学院学报（8）：4.

许庆炜，2009. 语义网技术在生物本体研究中的应用 [J]. 湖北第二师范学院学报，26（8）：3.

杨保明，刘晓东，姚兰，等，2007. 基于本体论的农业知识的 OWL 描述 [J]. 微电子学与计算机，24（5）：58-60，65.

佚名，2010. 国家种质库 [J]. 植物遗传资源学报（2）：2.

袁爱萍，毛雪，侯爱斌，等，2003. 高粱基因组学研究的新进展 [J]. 生物技术通报（1）：8-12.

岳嫒，赵刚，2018. 云技术下育种数据服务平台 [J]. 中国种业（9）：6.

张小斌，戴美松，施泽彬，等，2016. 梨育种数据管理和采集系统设计与实践 [J]. 果树学报，33（7）：9.

张引琼，2013. 基于本体的作物信息概念数据建模分析 [J]. 中国农业信息（11S）：2.

郑天清，余泓，张洪亮，等，2015. 水稻功能基因组育种数据库（RFGB）：3K 水稻 SNP 与 InDel 子数据库 [J]. 科学通报（4）：5.

ANACLETO M R，MORALES J，LAGARE J，et al.，2012. An Integrated Web-Based Crop Phenotypic Data Browser and Multi-Trait Query Tool [C] //International plant and animal genome conference XX.

ANDORF C M，CANNON E K，PORTWOOD J L，et al.，2016. MaizeGDB update：New tools，data and interface for the maize model organism database [J]. Nucleic acids research，44（D1）：195-201.

ARCHIBALD D D，FUNK D B，FRANKLIN I I，1999. Locally weighted regression for accessing a database containing wheat grain NIR transmission spectra and grain quality parameters [C] //Photonics East. International society for optics and photonics.

ASAMIZU E，ICHIHARA H，NAKAYA A，et al.，2014. Plant Genome Database Japan（PGDBj），a comprehensive database covering information of plant genome - related databases in japan ［C］ //International plant & animal genome conference XXII.

CAO P, JUNG K H, CHOI D, et al., 2012. The rice oligonucleotide array database: an atlas of rice gene expression ［J］. Rice, 5 (1): 17.

COOK R J, 1998. Toward a successful multinational crop plant genome initiative ［J］. Proceedings of the National Academy of Sciences of the United States of America, 95 (5): 1993-1995.

CULLIS B R, THOMSON F M, FISHER J A, et al., 1996. The analysis of the NSW wheat variety database. II. Variance component estimation ［J］. Theoretical and applied genetics, 92 (1): 28-39.

DELACY I H, FOX P N, MCLAREN G, et al., 2009. A conceptual model for describing processes of crop improvement in database structures ［J］. Crop science, 49 (6): 2337-2344.

GARCIA D F, WANG Z Y, GUAN J T, et al., 2021. Wheatgene: a genomics database for common wheat and its related species ［J］. The crop journal, 9 (6): 1486-1491.

HAJIME O, TSUYOSHI T, HIROAKI S, et al., 2006. The Rice Annotation Project Database (RAP-DB): hub for *Oryza sativa* ssp. *japonica* genome information ［J］. Nucleic acids research (suppl_1): 741-744.

LAI K, BERKMAN P J, LORENC M T, et al., 2012. Wheat Genome. info: an integrated database and portal for wheat genome information ［J］. Plant & cell physiology, 53 (2): e2.

MARTIENSSEN R A, 2004. Crop plant genome sequence ［J］. Crop science, 44 (6).

SADO P E, TESSIER D, VASSEUR M, et al., 2009. Integrating genes and phenotype: a wheat - Arabidopsis - rice glycosyltransferase database for candidate gene analyses ［J］. Functional & integrative genomics, 9 (1): 43-58.

SENIOR M L, CHIN E, LEE M, et al., 1996. Simple sequence repeat markers developed from maize sequences found in the GENBANK database: map construction ［J］. Crop science, 36 (6): 1676-1683.

SHI J, HUANG S, ZHAN J, et al., 2013. Genome-wide microsatellite characterization and marker development in the sequenced brassica crop species

［J］. Dna research an international journal for rapid publication of reports on genes & genomes（1）：53-68.

TAO K, YU J, DONG C, et al., 2015. ocsESTdb：a database of oil crop seed EST sequences for comparative analysis and investigation of a global metabolic network and oil accumulation metabolism［J］. BMC plant biology, 15（1）：1-11.

THOMSON, MICHAEL J, 2014. High-throughput SNP genotyping to accelerate crop improvement［J］. Plant breeding & biotechnology, 2（3）：195-212.

UZUN B, YOL E, 2013. Past, present and future of DNA-based studies for sesamecrop improvement［J］. Current opinion in biotechnology, 24（supp_ S1）：S117.

WONG D C, SWEETMAN C, DREW D P, et al., 2013. VTCdb：a gene co-expression database for the crop species *Vitis vinifera*（grapevine）［J］. Bmc genomics, 14（1）：882.

ZHAO W, CANARAN P, JURKUTA R, et al., 2006. Panzea：a database and resource for molecular and functional diversity in the maize genome［J］. Nucleic acids research（34）：752-757.

第六章 基于分子遗传数据的基因和多基因耦合机制挖掘技术研究

第一节 研究现状

在杂种优势等研究领域，对于基因和多基因耦合的研究愈发重要。杂种优势是指两种不同亲本基因型进行杂交后，其后代在这些基因型上表现有所提高的现象。从进化的角度来看，杂种优势可能导致新物种的形成。与种内杂交相似，不同异种间杂交后，其重要性状经常可以得到改良，由于这两种情况下的表型变化都是由遗传异质性的增加引起的，因此，也许种内和种间杂交都拥有相似的调节机制。自在玉米中发现以来，杂种优势已在遗传育种中得到了广泛的利用。目前，对于杂种优势的机制尚无定论，但是对于杂种优势的研究则一直是育种工作的重点。

育种家们普遍认为，杂种优势可能是由等位基因的互补和多基因调控水平的耦合形成的。因此，以杂种优势为代表的研究使得基因和多基因耦合机制的探索变得更加重要。

一、单基因遗传机制研究现状

1. 粮食作物

谷类作物，如小麦、稻谷、玉米等，是世界粮食作物的重要组成部分。对于谷物产量、质量等各方面性状的研究具有重大意义。在对这些谷物进行的研究中，全基因组关联分析方法的使用占有很大的比重。鲁清利等对 500 多份水稻进行全基因组关联分析，并结合其他方法，成功地发现与水稻病害稻瘟病相关的显著性位点 100 多个，以及与株型相关的显著性位点 6 个；邹伟伟及其团队对 100 多份水稻材料进行了重测序，并深入研究了水稻对钾素吸收的遗传机制。他们分析了这些水稻材料的钾含量、积累和干重，在考虑不同的氮水平后进行了相关全基因组关联分析。这项研究对选育能够高吸收并利用钾的优良水稻品种提供了极有力的帮助。

小麦是全球产量第三的谷类作物，翟俊鹏等对 150 个小麦品种（系）进行了基因分型，并对多个重要性状进行了全基因组关联分析，最终成功得到 14 个候选基因。Megerssa 等对表现型为硬质的 283 份小麦品种进行了基因分析，结合 26 439 个 SNP 标记，鉴定出 SNP 位点 160 个，其中包括了 21 个新位点。

玉米作为我国主要农作物，不仅是重要的粮食供给来源，在饲料和工业中也占有很大比重。钱佳翼等以 294 份具有多种来源的玉米自交系和 32 份大刍草、68 份地方品种为材料，在对自交系进行简化基因组测序的基础上，采用全基因组关联分析方法对 11 个玉米穗型和粒型性状进行关联分析，最终得到 44 个关联的 SNP 位点。

豆类作物种类丰富，主要包括大豆、蚕豆、菜豆等，这些作物富含淀粉、蛋白质和脂肪，营养价值高。大豆种子富含丰富的植物蛋白质，尤其是大豆水溶性蛋白，在大豆类产品中是重要的营养成分，其含量可达 38% 以上。大豆水溶性蛋白是指在水中可溶解的大豆蛋白质，其中包括球蛋白和白蛋白等不同类型。这种蛋白质在人体内具有很高的消化吸收率，并且富含 9 种必需氨基酸。沈甲诚等人通过高通量 SNP 标记，确定了 18 个与大豆水溶性蛋白质含量有显著性关联的 SNP 位点。另外，Zatybekov 等通过对大豆种质进行基因分型，鉴定到了 30 个与开花时间、成熟时间、株高、可育节数、单株种子数和单株产量等性状显著相关的 SNP 位点。

薯芋类作物的主要经济器官是可供食用的地下茎或块根，如马铃薯、甘薯等。这类作物的食用部分多且富含大量的淀粉和糖分。Haque 等通过对甘薯进行研究发现了与 β-胡萝卜素含量相关的 10 个 SNP 位点，并且可以利用这些发现的位点进行育种相关操作。Vadim 等通过对 90 份马铃薯材料进行 SNP 标记分析，发现有 53 个 SNP 位点与淀粉相关产量以及其颗粒形状相关联。

2. 经济作物

经济作物按用途分，主要分为纤维作物、油料作物等。

纤维作物主要是棉和麻，其纤维主要作为工业原料被使用。根据纤维存在的部位不同，可分为种子纤维、韧皮纤维和叶纤维。这类作物的特点是含有大量纤维素。纤维可能经过化学改性，如黏胶（用于制造人造丝和玻璃纸）。王娟等通过对 100 多份棉花中 6 个与机器收集相关的性状进行研究分析，发现了与该性状显著关联的位点共有 124 个。

油料作物是指一类主要栽培用于提取油脂的植物。这类作物种子中富含油分，经过加工和提取，可以获得可食用或工业用途的油脂。油料作物在人类生活和工业生产中具有广泛的应用。其中种子含油量在 20%~60%。油料作物也是我国食用植物油的重要原料来源之一。Zhang 等对 120 份来自美国的种质材料进行了研究，结合 13 382 个 SNP 进行全基因组关联分析，成功得到了 178 个与花生种质组成相关系的 QTL。

二、多基因耦合机制研究现状

多基因耦合模式中，当前主要以少量基因形成的耦合研究为主，即分子模块。我国在分子模块耦合机制研究方面，以水稻为主要研究对象。通过解析优良且相对复杂性状的分子模块，建立相应的育种技术体系。这种研究方法对于动植物相对复杂性状的解析提供了巨大的帮助，为设计相关作物育种技术的发展带来了积极的意义。

1. 水稻分子模块及其他多基因耦合模式研究进展

水稻是第一个进行分子模块耦合机制研究的作物，前人通过收集全球主要的水稻资源材料，并评价其主要农艺性状，成功获得了一系列优秀的分子模块供体材料。这项工作旨在解决当前水稻品种中存在遗传多样性水平低的问题，并为改良现有品种提供了有力的支持。科学家对一些优异模块进行了解析，其中 GW7 和 GW8 分别对水稻的产量和质量性状有积极作用，同时，GW8 可以和 GW7 基因启动子直接进行结合，进而直接控制其表达。在产量性状好的水稻中同时聚合这两个优良的等位基因，有望解决水稻高产高质这一难题。粳稻 COLD1 基因编码的蛋白质，能够与 G 蛋白的 α 亚基 RGA1 发生互作，在低温胁迫下起到响应的作用。具体而言，COLD1 能够增强 RGA1 的酶活性。在低温条件下，COLD1 参与了 G 蛋白的信号传导过程，激活了钙离子通道，进而触发下游的耐寒防御反应。这些反应使得粳稻在寒冷环境中表现出较好的耐受性。这些研究结果揭示了细胞膜在接收环境低温信号、引发细胞质中的生化反应以及调控特定防御基因在细胞核中的表达等方面的细节。通过这一过程，粳稻对低温环境形成了相对完整的适应机制。

在高效氮肥利用方面，通过培育高氮肥利用率的新品种，可以在减少氮肥使用量的情况下增加农作物的产量。其中，在 NRT1.1A、NRT1.1B 和 ARE1 等氮高效利用分子模块中，通过研究分析发现，NRT1.1B 在粳稻氮利用效率改良上具有巨大的应用价值。籼稻型 NRT1.1B 的粳稻品种能够很好地提高氮肥利用率，使作物的产量明显增加。这一结果表明，NRT1.1B 在粳稻氮利用效率改良上能够发挥巨大作用。通过全基因组关联，进行水稻遗传资源材料相关分析，挖掘了分子模块的相关变异，并使其处在同一遗传背景下检验了相关生物学效应。这阐明了基因型与表型之间的对应关系。这些研究结果对最终的水稻设计与编纂具有积极意义。

除了典型分子模块外，还包括其他类型的耦合。例如，我国的水稻遗传研究专家从"谷梅4号"中筛选出广谱抗病位点 Pigm，该位点包含 13 个 NLR 类抗病基因，由 PigmS 和 PigmR 进行调控，PigmR 可以进行组成型表达，形成同源二聚体。其中某一 NLR 受体蛋白 PigmS 和 PigmR 可以形成异源二聚体，但 PigmR 会抑制 PigmS 的抗病功能。在水稻的长期演化过程中，PigmS 基因的表达受到表观遗传调控，其在花粉中的特异性高表达有助于提高水稻产量。Pigm 位点具有持久的抗病性，因为 PigmS 的低水平表达，创造了一个减慢病原菌进化的环境，使病原菌更容易适应 PigmR 的抗病性。所以利用 Pigm 位点筛选出来的品种，同时具备广谱抗病性且高产的优良表现，这极大促进了培育既抗病又高产的水稻新品种的相关工作。

2. 玉米分子模块耦合研究进展

在玉米分子设计育种方面，我国研究人员进行了相关研究，取得了重要进展。他们成功解析了控制玉米籽粒油分、抗病虫害等关键分子模块的功能，并利用这些研究成果创制了新品种。这些成果对于提高玉米产量和品质具有重要意义。秦峰研究组对全球 300 多个玉米自交系苗期的耐旱性进行了统计，并通过全基因组关联分析成功发现了 83 个与玉米苗期抗旱性状表现相关的遗传变异位点。这些发现为进一步研究玉米耐旱性的分子机制提供了重要线索。同时，对挖掘到的两个分子模板进行相关的研究分析，通过对干旱材料的研究发现，当一个82bp 的微型转座子插入 ZmNAC111 基因启动子区域时，可以抑制其基因的表达，进而可以促进气孔在干旱胁迫下的关闭，由于气孔的关闭可以间接提高玉米体内水分的利用效率，进而增加了玉米的相关耐旱性。另外，ZmVPP1 基因则可以编码一个位于液泡膜上的焦磷酸水解酶。在抗旱玉米自交系中，将抗旱材料的 Zm-VPP1 基因导入干旱敏感的材料中同样也可以提高玉米苗期的抗旱性。谢旗研究组通过对 180 多个重组自交系的耐干旱处理（包括 PH4CV 和 F9721 这两个品种）以及相关转录组学分析，鉴定出了 2 个耐旱分子模块，并且通过 SIMM 方法，他们确定了每个株系特异的渐渗区间，这些耐寒分子模板已经被广泛应用。

3. 大豆分子模块及其他多基因耦合模式研究进展

大豆也是进行多基因耦合研究的重点作物。中国科学院东北地理与农业生态研究所孔凡江和刘宝辉团队、中国科学院遗传与发育生物学研究所田志喜团队以及华南植物园侯兴亮团队合作研究，成功克隆出大豆长童期基因 *J*。发现具有该基因突变型的大豆植株比野生型产量高。研究人员发现了大豆特异的光周期调控开花的遗传网络模型，通过对该基因的相关功能分析，系统阐述了多基因耦合影响大豆开花的模式。

由中国科学院昆明动物研究所王文团队与中国科学院遗传与发育生物学研究所田志喜团队共同合作，对 302 份代表性大豆种质进行了深度重测序和基因组分析，在驯化阶段，鉴定出了 121 个强选择信号；在品种改良阶段，鉴定出了 109 个强选择信号。研究发现，与大豆油性状相关的选择信号有 96 个，说明大豆产油性状受到强烈的人工选择影响，形成了一个复杂的网络系统，共同调控油的代谢，从而引起了变异。通过构建大豆籽粒油分的基因共表达网络，从而共同影响了大豆含油率。

中国科学院遗传与发育生物学研究所田志喜团队与多个团队合作，共鉴定出 200 多个具有显著性关联的位点。其中有 115 个可以进行互相连锁关联的位点，而在这 115 个显著性位点构成的调控网络中，有 23 个对大豆的相关性状具有非常关键的调控作用。这种调控网络水平的耦合研究不仅服务了大豆育种，对其他作物育种也具有参考价值。

第二节　未来发展趋势

未来，对于基因和多基因耦合分子机制的数据分析计算方法将呈现 GRN 驱动、多基因挖掘、新功能挖掘、转录调控机制探索等趋势。

一、GRN 驱动

GRN，即基因调控网络。复杂的 GRN 可以被识别为有助于植物的发育和环境响应。随着数据科学的发展，尤其是图数据库、图神经网络等一系列工具的发展，GRN 将在遗传机制挖掘中发挥更大作用。利用 GRN，可以从生物整体水平进行透视，研究网络整体水平下特殊基因或者基因表达水平的波动，相较于传统方法，GRN 分析具有较大优势。

二、多基因耦合机制挖掘

未来，多基因耦合机制将会越来越重要。高等植物的生长发育需要复杂立体的遗传调控协同完成，家族基因间的功能冗余与协同，上游基因的调控及下游的反馈共同形成了稳定的多基因耦合机制。基于以往的理论研究成果，以多基因共同作用的模块为目标，可以从表型与基因型入手，结合遗传研究与育种应用，在获取遗传研究进展的同时，快速构建符合需求的设计育种成果。

三、新功能二次挖掘

近年来，对已知基因的研究不仅发现了它们已知的功能，还揭示了许多过去未曾察觉的新功能。未来，对于已知基因的研究将会更加全面，进一步拓展对新功能、新机制等方面的了解。

四、转录调控机制

转录调控机制研究将成为重点。与对功能基因的独立研究相比，针对转录调控的研究往往受益匪浅。对转录调控的研究可以作用于多个基因，挖掘复杂调控途径中的下游微效基因的价值；也能从已有的自然群体入手，对效应强烈、具有科研价值但难以利用的已知基因，充分挖掘其遗传潜力，针对性地研究其转录调控机制，以获得更高的育种价值。

第三节　数据驱动的机制挖掘方法

一、基于关联分析挖掘关键基因和位点

1. 使用 GWAS 挖掘基因水平数据

对于进行了多样本全基因组、外显子组、简化基因组等基因组水平检测的研究，适合首先使用 GWAS 进行挖掘。GWAS，即全基因组关联分析是一种针对全

基因组范围内的遗传变异进行基因分型，寻找某一群体内性状与分子标记或候选基因间关系的分析方法。该分析利用统计学方法解决了遗传学问题，建立了等位变异和基因组变异的联系，找到了控制性状的位点。这是一种无假设地识别遗传区域和性状之间关联的方法，可以用于识别基因和性状的相关性，挖掘与性状变异相关的基因。GWAS 的一般过程为：首先，进行基因型数据的准备和预处理，确保基因型数据与表型数据的对应关系；其次，选取合适模型，进行 GWAS 分析；最后，选择合适的 cutoff 值进行结果筛选。

2. 使用 TWAS 挖掘转录水平数据

对于拥有转录组数据的，适合使用 TWAS 进行挖掘分析。TWAS，即 Transcripitic-Wide Association Study，转录组关联分析，是用转录组表达量数据进行关联分析，以确定显著的表达量与性状之间的关联。相对于 GWAS 来说，TWAS 结果与 LD 互补，且受 LD 的影响更小，在挖掘基因和调控机制方面可以与 GWAS 结果互补，具有巨大的应用潜力。TWAS 的工作方法与 GWAS 类似。

3. 使用 EWAS 挖掘表观水平数据

对于部分涉及表观调控，并拥有表观数据的研究，适合使用 EWAS 进行分析。EWAS，即 Epigenome-Wide Association Study，表观基因组关联分析，是用表观数据进行关联分析，目前用得最多的是 5mC、6mA 等作为基因型进行分析。目前，EWAS 已经成为解析表观修饰与复杂表型关系的重要手段。利用 EWAS 分析，可以挖掘有价值的甲基化 QTL（epiQTL），为关键性状表观水平的遗传机制挖掘提供重要线索。

二、基于调控网络挖掘多基因和通路的耦合与调控

1. 基础数据处理

在进行调控网络数据挖掘的过程中，应当优先考虑转录组数据，这是由于转录组技术相对蛋白组技术更加成熟，更有助于进行后续分析。主要实验方法如下。第一步，对转录组数据进行质控和组装，对于已经有参考基因组的作物，主要使用 BWA 等进行有参组装；对于尚无参考基因组报道的作物，使用 Trinity 进行多材料的混池组装，随后使用 CORSET 方法进行过滤，以获取 Unigene；第二步，使用 Nr、KOG/COG、KEGG 和 GO 数据库完成对 Unigene 的注释；第三步，使用 DESeq 分析和计算基因表达差异；第四步，完成 KEGG 和 GO 上的差异富集；第五步，根据差异结果，选定同一条差异表达基因显著富集的通路，进行后续验证。

2. 全局调控网络构建和富集

构建全局调控网络，应当打通 KEGG 等数据库中人为分割通路而形成的藩篱，才能保证调控网络水平分析挖掘的精度。首先，从 KEGG、wikipathway 等数据库中获取数据，并进行格式转换。针对已有格式读取和转换工具的，如 KGML 等，通过自动化工具读取后进行转换；对于没有工具的，自行开发脚本进行读取；对于仅有网页非格式化文件的，则开发爬虫进行收集整理。其次，整合代谢通路与信号通路，将两种不同的通路拓扑，统一转换为"底物/蛋白-复合体-产物/蛋白"的三元拓扑形式。最后，使用 Hugegraph，编写 schema 文件，对数据执行导入，形成图结构的全局调控网络。

3. WGCNA 分析

加权基因共表达网络分析（WGCNA）是一种系统生物学方法，用于描述不同样品之间基因的关联模式。它可以鉴定出高度协同变化的基因集，并通过研究基因集内部连接性和基因集与表型之间的关联来探索多基因耦合关系。利用 WGCNA（加权基因共表达网络分析），相比于仅关注差异表达基因的方法，有如下优点：WGCNA 可以利用数千或近万个变化最大的基因或全部基因的信息来识别出我们感兴趣的基因集。除此之外，利用该方法可以将数量庞大的基因与表型进行关联并将其转化成多个基因集与表型相关联。

使用 WGCNA 分析的主要流程：第一步，基于前述工作，构建基因加权共表达网络；第二步，基于加权相关性，进行层级聚类分析；第三步，选用合理标准切分聚类结果，获得不同的基因耦合；第四步，进行功能验证，阐述背后机制。

三、基于分子实验数据验证关键机制

1. 遗传学分析

作物遗传与育种研究的传统优势在于可以运用丰富的遗传学手段对候选遗传途径进行充分验证，获取翔实的理论研究成果并密切联系生产实践。所以，不论通过任何方式挖掘的候选基因，均需要进行严谨的遗传学验证。

对于遗传调控途径中包含典型的数量遗传特征或者未知功能的基因，可以利用基因连锁与连锁不平衡，从全基因组关联分析，QTL 定位及精细定位入手，精细挖掘，判断基因功能。获得候选基因后，则根据不同育种目标，利用遗传转化技术对基因加以遗传敲除、沉默、干扰、互补及超表达，验证基因功能。

2．分子机制研究

明确基因后，则需要运用严谨细致的分子生物学手段剖析机制，以便深入了解并在未来对可能的基因网络加以利用。针对不同的调控途径，主要利用细胞学技术、分子遗传学技术和蛋白质分析手段从不同层面进行分析。现代分子生物学本身就是一门庞杂的实验技术，这些分析手段往往并非单一存在，而是相辅相成，从中心法则的各个方向入手，互相佐证实验结论。

分子遗传学技术是分子实验的核心，所有的实验手段均建立在以分子克隆为基础的分子遗传学技术的基础上，在研究基因表达调控时，运用实时荧光定量、GUS化学染色、RNA原位杂交和免疫荧光，则能够从表达时间和组织特异性方面加以分析。对于转录因子及其下游基因的研究，则往往利用Chip技术、酵母单杂交、EMSA实验进行分析。生命功能的主要承担者是蛋白质，为了分析蛋白质功能，则需要利用蛋白质纯化、蛋白质电泳、免疫印迹、酶催化等实验手段。蛋白质能够通过与不同的分子发生相互作用行使功能，要验证这种功能，则需要使用酵母双杂交、pull-down、Co-IP、双分子荧光互补以及分子互作仪对结合特征进行分析。中心法则之外，结合不同的层析与质谱手段，针对金属离子、小分子、脂质、蛋白质及聚合糖类等物质的分析，能从积累、代谢、信号调控等不同方面对遗传调控途径加以解析。

3．分子实验常见数据处理和分析

分子生物学实验进行过程中，需要运用引物设计、质粒设计、基因编辑位点设计、蛋白结构预测、数据绘图等多种分析手段，具体数据分析则要根据需求，对现有工具进行I/O层面的算子封装。

参考文献

黄坤勇，2020. 苎麻纤维细度全基因组关联分析及候选基因筛选［D］. 北京：中国农业科学院.

蒋伟，潘哲超，包丽仙，等，2021，马铃薯资源晚疫病抗性的全基因组关联分析［J］. 作物学报，47（2）：245-261.

李洪娜，2017. 基于RNA-Seq的小麦产量性状全基因组关联分析［D］. 泰安：山东农业大学.

刘志鹏，2015. 玉米12个农艺性状的全基因组关联分析及玉米氮响应相关基

因的鉴定 [D]. 北京：中国农业大学.

鲁清，2016. 水稻种质资源重要农艺性状的全基因组关联分析 [D]. 北京：中国农业科学院.

沈甲诚，张小利，黄建丽，等，2020. 大豆水溶性蛋白质的全基因组关联分析 [J]. 大豆科学，39（4）：509-517.

汪文强，赵生国，马利青，等，2016. 动物基因组学重测序的应用研究进展 [J]. 畜牧兽医学报，47（10）：1947-1953.

王娟，董承光，刘丽，等，2017. 棉花适宜机采相关性状的 SSR 标记关联分析及优异等位基因挖掘 [J]. 作物学报，43（7）：954-966.

魏大勇，谭传东，崔艺馨，等，2017. 甘蓝型油菜 polCMS 育性恢复位点的全基因组关联分析 [J]. 中国农业科学，50（5）：802-819.

徐凌翔，陈佳玮，丁国辉，等，2020. 室内植物表型平台及性状鉴定研究进展和展望 [J]. 智慧农业，2（1）：23-42.

严玫，张新友，韩锁义，等，2015. 花生重要农艺及产量性状的全基因组关联分析 [J]. 植物学报，50（4）：460-472.

杨洁，赫佳，王丹碧，等，2016. InDel 标记的研究和应用进展 [J]. 生物多样性，24（2）：237-243.

翟俊鹏，李海霞，毕惠惠，等，2019. 普通小麦主要农艺性状的全基因组关联分析 [J]. 作物学报，45（10）：1488-1502.

张春，赵小珍，庞承珂，等，2021. 甘蓝型油菜千粒重全基因组关联分析 [J]. 作物学报，47（4）：650-659.

张东，张政，史雨刚，等，2020. 小麦产量相关性状的全基因组关联分析 [J]. 麦类作物学报，40（4）：434-443.

张继峰，刘华东，王敬国，等，2020. 粳稻分蘖数全基因组关联分析及候选基因的挖掘 [J]. 中国农业科学，53（16）：3205-3213.

赵达，2019. 稻米品质性状的全基因组关联分析及品质相关基因的遗传解析 [D]. 北京：华中农业大学.

赵久然，王荣焕，刘新香，2016. 我国玉米产业现状及生物育种发展趋势 [J]. 生物产业技术，7（3）：45-52.

周龙华，蒋立希，2016. SNP 分子标记及其在甘蓝型油菜中应用的研究进展 [J]. 农业生物技术学报，24（10）：1608-1616.

邹伟伟，路雪丽，王丽，等，2019. 不同氮水平下水稻钾吸收及全基因组关

联分析 [J]. 作物学报, 45 (8): 1189-1199.

BISELLI C., VOLANTE A., DESIDERIO F, et al., 2019. GWAS for Starch-Related Parameters in Japonica Rice (*Oryza sativa* L.) [J]. Plants, 8 (8): 292.

DENG Y, ZHAI K, XIE Z H, et al., 2017. Epigenetic regulation of antagonistic receptors confers rice blast resistance with yield balance [J]. Science, 355: 962-965.

DENG Y, ZHU X, SHEN Y, et al., 2006. Genetic characterization and fine mapping of the blast resistance locus Pigm (t) tightly linked to Pi2 and Pi9 in a broad-spectrum resistant Chinese variety [J]. Theoretical and applied genetics, 113: 705-713.

FANG C, MA Y, WU S, et al., 2017. Genome-wide association studies dissect the genetic networks underlying agronomical traits in soybean [M]. Genome biology, 18: 161-174.

FRANKEL O H, 1984. Genetic perspectives of germplasm conservation [M]. Cambridge: Cambridge University Press.

GAJARDO H A, WITTKOP B, SOTO-CERDA B, et al., 2015. Association mapping of seed quality traits in *Brassica napus* L. using GWAS and candidate QTL approaches [J]. Molecular breeding, 35 (143): 1-19.

GAO J, YANG S, CHENG W, et al., 2017. GmILPA1, encoding an APC8-like protein, controls leaf petiole angle in soybean [J]. Plant physiology, 174 (2): 1167-1176.

GU Y Z, LI W, JIANG H W, et al., 2017. Differential expression of a WRKY gene between wild and cultivated soybeans correlates to seed size [J]. Journal of experimental botany, 68 (11): 2717-2729.

HAQUE E, TABUCHI H, MONDEN Y, et al., 2020. QTL analysis and GWAS of agronomic traits in sweetpotato (*Ipomoea batatas* L.) using genome wide SNPs [J]. Breeding science, 70 (3): 283-291.

HU B, WANG W, OU S, et al., 2015. Variation in NRT1. 1B contributes to nitrate-use divergence between rice subspecies [J]. Nature genetics, 47: 834-838.

HUANG X, YANG S, GONG J, et al., 2016. Genomic architecture of heterosis for yield traits in rice [J]. Nature, 537: 629-633.

JIAO Y P, ZHAO H N, REN L H, et al., 2012. Genome-wide genetic changes duringmodern breeding of maize [J]. Nature genetics, 44: 812-815.

LI H, PENG Z, YANG X, et al., 2013. Genome – wide association study dissects the genetic architecture of oil biosynthesis in maize kernels [J]. Nature genetics, 45: 43-50.

LI Q, LU X, SONG Q, et al., 2017. Selection for a Zinc-Finger protein contributes to seed oil increase during soybean domestication [J]. Plant physiology, 173 (4): 2208-2224.

LU S J, ZHAO X H, HU Y L, et al., 2017. Natural variation at the soybean J locus improves adaptation to the tropics and enhances yield [J]. Nature genetics, 49 (5): 773-779.

LU X, XIONG Q, CHENG T, et al., 2017. A PP2C – 1 allele underlying a quantitative trait locus enhances soybean 100 – seed weight [J]. Molecular plant, 10: 670-684.

MA Y, DAI X, XU Y, et al., 2015. COLD1 confers chilling tolerance in rice [J]. Cell, 160: 1209-1221.

MAO H, WANG H, LIU S, et al., 2015. A transposable element in a NAC gene associated with drought tolerance in maize seedlings [J]. Nature communication, 6: 8326.

MEGERSSA S H, AMMAR K, ACEVEDO M, et al., 2020. Multiple-race stem rust resistance loci identified in durum wheat using genome – wide association mapping [J]. Frontiers in plant Science, 11: 598509.

MIN H, CHEN C, WEI S, et al., 2016. Identification of drought tolerant mechanisms in maize seedlings based on transcriptome analysis of recombination inbred lines [J]. Frontier in plant science, 7: 1080-1090.

NELSON R, WIESNER-HANKS T, WISSER R, et al., 2017. Navigating complexity to breed disease-resistant crops [J]. Nature reviews genetics, 19: 21.

RACEDO J, GUTIÉRREZ L, PERERA M F, et al., 2016. Genome-wide association mapping of quantitative traits in a breeding population of sugarcane [J]. BMC plant biology, 16 (1): 142.

SAMAYOA L F, CAO A, SANTIAGO R, et al., 2019. Genome-wide association analysis for fumonisin content in maize kernels [J]. BMC plant biology, 19 (1): 166.

SONG X, ZHU G, HOU S, et al., 2021. Genome-wide association analysis reveals loci and candidate genes involved in fiber quality traits under multiple field environments in cotton (*Gossypium hirsutum*) [J]. Frontiers in plant science, 12 (1): 1392.

VADIM K K, TATYANA V E, IRINA V R, et al., 2020. Genetic loci determining potato starch yield and granule morphology revealed by genome-wide association study (GWAS) [J]. PeerJ, 8 (1): e10286.

WANG G L, VALENT B, 2017. Durable resistance to rice blast [J]. Science, 355: 906-907.

WANG Q, NIAN J, XIE X, et al., 2018. Genetic variations in ARE1 mediate grain yield by modulating nitrogen utilization in rice [J]. Nature communications, 9: 735.

WANG S K, LI S, LIU Q, et al., 2015. The OsSPL16-GW7 regulatory module determines grain shape and simultaneously improves rice yield and grain quality [J]. Nature genetics, 47: 949-954.

WANG W, HU B, YUAN D, et al., 2018. Expression of the nitrate transporter gene OsNRT1. 1A/OsNPF6. 3 confers high yield and early maturation in rice [J]. Plant cell, 30: 638-651.

WANG X, WANG H, LIU S, et al., 2016. Genetic variation in ZmVPP1 contributes to drought tolerance in maize seedlings [J]. Nature genetics, 48: 1233-1241.

YANG W N, GUO Z, HUANG C L, et al., 2014. Combining high-throughput phenotyping and genome-wide association studies to reveal natural genetic variation in rice [J]. Nature communications, 5 (1): 5087.

YANG X P, SOOD S, LUO Z L, et al., 2019. Genome-wide association studies identified resistance loci to orange rust and yellow leaf virus diseases in sugarcane (*Saccharum* spp.) [J]. Phytopathology, 109 (4): 623-631.

YANG X P, TODD J, ARUNDALE R, et al., 2019. Identifying loci controlling fiber composition in polyploid sugarcane (*Saccharum* spp.) through genome-wide association study [J]. Industrial crops and products, 130: 598-605.

YEBOAH A, LU J, TING Y, et al., 2021. Genome-wide association study identifies loci, beneficial alleles, and candidate genes for cadmium tolerance in castor (*Ricinus communis* L.) [J]. Industrial crops and products, 171: 113842.

ZATYBEKOV A, ABUGALIEVA S, DIDORENKO S, et al., 2017. GWAS of agronomic traits in soybean collection included in breeding pool in Kazakhstan, BMC plant biology, 17 (1): 179.

ZHANG Y H, LIU M F, HE J B, et al., 2015. Marker-assisted breeding for transgressive seed protein content in soybean [*Glycine max* (L.) Merr.] [J]. Theoretical and applied genetics, 128 (6): 1061-1072.

ZHOU Z, JIANG Y, WANG Z, et al., 2015. Resequencing 302 wild and cultivated accessions identifies genes related to domestication and improvement in soybean [J]. Nature biotechnology, 33: 408-414.

ZUO W, CHAO Q, ZHANG N, et al., 2015. A maize wall-associated kinase confers quantitative resistance to head smut [J]. Nature genetics, 47 (2): 151-157.

第七章 基于多组学数据的表型预测技术研究

第一节 研究现状

表型预测是全基因组选择育种等育种新手段所依赖的重要计算工具。近年来，表型预测算法不断发展，支撑了育种向 4.0 进步和转型。当前主要的表型预测方法可分为统计类模型、机器学习类模型和深度学习类模型三类。

一、统计类模型

1. 直接型预测方法

直接型预测方法，通常被简称为直接法，在遗传评估和选择中起着重要作用。这类方法直接利用个体和其近亲的遗传信息来预测个体的育种值。实施直接法的关键步骤是构建亲缘关系矩阵（即加权关系矩阵），它反映了预测群体中个体之间的遗传相似度。该矩阵通常用于估计个体间的方差协方差结构，为混合线性模型的方差组分提供基础。

在直接法中，亲缘关系矩阵用于计算混合模型方程，其中 BLUP（最佳线性无偏预测）和 gBLUP（基因组最佳线性无偏预测）是两种主要的预测方法。

（1）BLUP 法

1963 年，美国康奈尔大学的 C. R. Henderson 教授，创立了最佳线性无偏预测——BLUP 法。BLUP 法基于混合模型方程（Mixed model equations，MME），该模型包括固定效应、随机效应（如个体遗传效应）和误差项。BLUP 的关键在于利用系谱信息或基因组信息构建亲缘关系矩阵（A 矩阵或 G 矩阵），这反映了个体间的遗传相似度。通过解这些方程，可以获得个体的遗传效应估计值，即育种值。该方法能够通过利用所有亲缘信息和环境效应进行计算，并且考虑到每个群体和世代之间的遗传差异，在个体淘汰时将偏差降到最低。这种方法能够预测出个体育种最精确的无偏估计值。因为需要得到多个世代的信息，该方法的周期较长，因此，只适用于部分群体。

（2）gBLUP 法

随着芯片分型技术和测序技术的发展，基因型分型成本大幅下降。利用基因组信息计算亲缘关系矩阵可以更准确地反映出个体间，尤其是全同胞个体间的遗传信息差异。这种最佳线性无偏估计方法被称为 gBLUP（Genome best linear unbiased prediction）。gBLUP 可以利用一部分杂交种和亲本作为训练群体来预测其他组配杂交种的表现。该方法特别适用于由多个基因控制的性状，因为它依赖于高密度基因组标记来计算个体的基因组育种值，从而允许对有表型数据和无表型数据的个体进行统一评估。尽管 gBLUP 假设影响数量性状的基因众多且各自效应微小，这使得其原理相对简单易懂，但实际应用中需要进行大量迭代计算，导致计算时间较长，效率不高。此外，尽管该方法在估计多基因控制的数量性状方面表现出色，但操作复杂，需要考虑多种因素，这在实际操作中可能构成挑战。

2. 间接型预测方法

间接型预测方法通过在参考群中估计标记效应，再结合预测群的基因型信息将标记效应累加，最终获得预测群的个体估计育种值。其中，rr-BLUP（Ridge regression best linear unbiased prediction）是间接法模型的代表，在基因组选择中得到了广泛的应用。此外，间接型方法还包括 Bayes 系列模型等。

（1）rr-BLUP 方法

rr-BLUP 是基因组选择中最常用的模型之一，也是间接法模型的代表。这种方法是将染色体片段或者标记的效应作为随机效应处理，然后用线性混合模型估计其效应值，得到每个个体相应染色体片段或标记效应的和，即育种值。这种方法利用了全部的亲属的信息，避免了由于某些原因而造成的随机误差，校正了环境效应。此外，它还可以对不同群体进行联合遗传评定。rr-BLUP 方法在遗传评估中表现出准确性高的特点，但不太适合较大染色体片段进行效应方差估计。

（2）Bayes 类方法

Bayes 类方法包括 Lasso、Bayes A、Bayes B、Bayes C、Bayes Cπ 等方法。Bayes Lasso 是一种基于贝叶斯理论的压缩方法，它利用标记效应的先验假设进行实际应用，通过提高基因组育种估计值的准确性，为标记效应的估计提供了一种有效的方式。虽然这类方法准确性高，但是过多的计算过程会占用大部分时间，所以在实际使用过程中它的使用率并不高；Bayes A 方法使用 MCMC 算法，通过后验条件分布进行 Gibbs 抽样，获得各变量的估计值。虽然精度更高，但同样计算时间长，实际操作难度大；Bayes B、Bayes C 与 Bayes A 类似，具有相似的优缺点；Bayes Cπ 在前述算法的基础上进行了改进，获得了更高的精度，但是计算速度和实用性仍不及 BLUP。

二、机器学习和深度学习模型

1. 经典机器学习模型

不同于统计类模型，机器学习模型的灵活度更高，能够拟合更加复杂的多项交互关系，理论上能够更好应对非线性和混合问题困难，预测能力的上限更高。对于机器学习表型预测模型的研究主要集中在两个方面。一方面，育种家们在许多不同作物和不同表型上开展了一系列性能评价研究，确认了机器学习模型能够比统计模型获得更好的预测结果。例如，2018 年 González-Camacho 在小麦抗锈病表型预测上开展的比较研究，2019 年 Azodi 等在 6 种作物的 18 个表型上开展的研究，和 2020 年 Grinberg 等在酵母、水稻和小麦上的研究，都证实了 SVM 等经典机器学习模型的潜力。另一方面，育种家在经典机器学习算法的基础上进行优化和适配，开发了许多更适用于作物的表型预测模型和工具。例如，2011 年 Nanye 等开发了基于高斯径向基函数（RBF）的支持向量回归（SVR）模型，在小麦产量表型上预测能力良好。值得一提的是，2021 年 Yan 等采用光梯度机（LightGBM）构建的玉米株高等表型的预测模型，其性能明显优于传统统计模型，是经典机器学习模型用于表型预测的良好范例。但是，经典机器学习模型对特征工程的依赖性极高。要在模型中输入海量的多模态基因组和环境数据，必须先对数据进行复杂的特征提取和调试过程，这不仅计算量大，而且过程烦琐。总之，经典机器学习模型在解决 Large P Small N、计算量、多模态和易用性等困难上，仍不理想。为此，近年来育种家逐渐又开始发展了第三类模型。

2. 深度学习模型

深度学习是新兴的机器学习分支，主要通过构建不同的深度神经网络模型来解决实际问题，在图像分析、文本识别、自动驾驶、行为预测等领域都发挥了重要作用。相比于其他机器学习模型，基于深度学习构建表型预测模型，具有显著优势。首先，深度学习近年来取得了重大突破，成功解决了其他领域大量非线性复杂问题；其次，深度学习积累了大量成熟的问题解决工具和思路，可以帮助解决模型构建中的许多问题；最后，得益于深度学习的广泛应用，当前英特尔、英伟达、微软、谷歌、中科海光等市场主流软硬件厂商都在产品中增加了针对深度学习的支持和优化，这使深度学习模型更易于应用和推广。许多研究者开始使用深度学习构建作物表型预测模型的尝试，并取得了一定成果。由于卷积神经网络（CNN）能够较好地从海量的基因组数据中抽取特征，大多数研究都基于 CNN 构建，如 2018 年，Ma 等构建的 DeepGS 模型，2019 年 Liu 等构建的 DLGWAS 模型，以及 2023 年 Wang 等构建的 DNNGP 模型。除卷积神经网络模型外，一些其他网络结构，如泊松深度神经网络（PDNN）等也得到一定的探索，但是尚未成为深度学习模型的主流。

第二节 未来发展趋势

一、由单一模型向多模型复合发展

众所周知，由于性状遗传具有多样性，所以目前尚未找到能够应用于全部类型性状的模型。而且，输入数据、训练数据虽然已经逐步丰富，但距离机器学习的其他领域，如文本识别、图像识别等领域动辄数以千万计的训练数据来说，仍有较大差距，导致通用模型暂时无法构建。此外，育种的产业特性使得科学家必须衡量计算时的硬件成本和时间成本，过于庞大的模型将会失去实际应用价值。因此，在短期内，集成学习将发挥重要价值，该方法在同一系统内集成多种不同已有模型构建的算法库，在任意应用过程中，系统能够自动化选择最佳模型，从而实现在已有条件下的最佳预测。

二、由传统模型向深度学习模型发展

1. 深度学习模型预测效力更强

传统的 BLUP 等模型基于线性回归分析，它们无法捕获基因型与基因型之间、基因型和表型之间的复杂关系，所以这限制了它们的预测效力。神经网络能够捕获复杂的非线性关系，预测能力上限高于传统模型。

2. 深度学习发展环境更完善

神经网络作为当前最主要的人工智能发展方向，经历了从三层、几十个参数

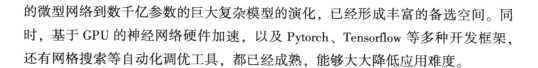

的微型网络到数千亿参数的巨大复杂模型的演化，已经形成丰富的备选空间。同时，基于 GPU 的神经网络硬件加速，以及 Pytorch、Tensorflow 等多种开发框架，还有网格搜索等自动化调优工具，都已经成熟，能够大大降低应用难度。

第三节　数据驱动的表型预测方法

一、基于集成学习的表型预测

目前，存在的 gBLUP、rrBLUP、Bayes 等多种方法，针对不同场景筛选关键算法存在困难，因此，可以采用集成学习思路，整合多种方法进行预测。例如，东北农业大学唐友提出的 mMAP 架构设计，同时进行了方法库和知识库的整合。在方法库方面，可以通过整理和合并 GS 方法以完善方法库；在知识库方面，通过对其不断迭代和计算各种数据来提高 GS 预测的准确性。在选择适合于预测新物种的 GS 方法时，可以通过数据挖掘技术进行选择，在预测新数据时，知识库会使用最初始的 GS 方法进行解决，并根据预测结果再由知识库进行预测，直到获得数据为最大预测值，然后再进行育种值的相关计算。

二、基于深度学习的表型预测

1. 全基因组变异位点特征提取和编码算法构建

全基因组数据量大、变异位点多，而且不同样本间变异位置不统一，难以直接通过常规编码方式提取特征。应当首先利用全基因组测序数据提取 SNP、CNV 和 InDel 的多模态数据，随后对泛基因组座水平上的突变信息进行坍缩，然后进行特征工程，实现特征规模与信息量保存的平衡，从数据源头为后续算法和模型优化提供基础。

2. 训练深度神经网络模型

利用特征工程构建的数据作为输入，以表型数据作为输出，构建神经网络。在神经网络构建过程中，应当尽量增加模型的复杂度。基于深度学习，研究利用 Transformer 算法，整合多模态的基因组、环境型数据，构建高准确率表型预测模型的方法，建立基于深度学习的高准确度表型预测模型，并依托构建的模型，提取隐含在模型内部的关键序列和表型之间的潜在关系，形成模型解释方法。

3. 预训练模型封装

针对全基因组选择育种中现有算法和模型数量多、人工选择门槛高、效率低等问题，构建具有广泛代表性的大样本训练群体，采集丰富的基因型和表型数据，形成预训练模型并整合封装，构建方便易用的表型预测工作流程和自动化处理工具。

参考文献

蔡健，兰伟，2005. 利用 AFLP 分子标记预测水稻杂种优势 ［J］. 作物学报，
　　31（4）：3.

陈雨，姜淑琴，孙炳蕊，等，2017. 基因组选择及其在作物育种中的应用
　　［J］. 广东农业科学，44（9）：7.

高瑞，2019. Bin 标记和 QTL 对玉米大斑病全基因组选择预测精度的影响研
　　究 ［D］. 沈阳：沈阳农业大学.

顾骏飞，2014. 基于 QTL 的作物生长模型在育种中的应用及展望 ［J］. 作物
　　杂志（1）：5.

赖瑞强，南建宗，阳成伟，2022. 作物育种涉及的方法及发展概况 ［J］. 分
　　子植物育种，20（12）：10.

宁海龙，李文霞，李文滨，等，2005. 大豆籽粒重的遗传效应分析 ［J］. 中
　　国油料作物学报，27（2）：3.

束永俊，吴磊，王丹，等，2011. 人工神经网络在作物基因组选择中的应用
　　［J］. 作物学报（12）：2179-2186.

孙晓梅，杨秀艳，2011. 林木育种值预测方法的应用与分析 ［J］. 北京林业
　　大学学报，33（2）：65-71.

王欣，2017. 基因组选择方法的比较与多变量 GBLUP 模型研究 ［D］. 扬州：
　　扬州大学.

王欣，杨泽峰，徐辰武，2015. 基于育种值预测的基因组选择方法的比较
　　［J］. 科学通报（英文版）（10）：925-935，10007.

杨欢，2017. 不同施钾水平下烟草含钾量及相关性状的全基因组关联分析
　　［D］. 雅安：四川农业大学.

姚骥. 全基因组选择和育种模拟在纯系育种作物亲本选配和组合预测中的利

用研究 [D]. 北京：中国农业科学院.

赵春江, 2019. 植物表型组学大数据及其研究进展 [J]. 农业大数据学报, 1 (2)：14.

赵越. 作物杂交种表型的全基因组选择模型研究 [D]. 扬州：扬州大学.

周济. 结合机器学习和计算机视觉的多尺度作物表型组研究及其在稻麦育种中的应用 [C] //中国作物学会. 2019 年中国作物学会学术年会论文摘要集：3.

BERNARDO R, 2014. Genomewide selection when major genes are known [J]. Crop science, 54 (1).

COOPER, MARK, TECHNOW, et al., 2016. Use of crop growth models with whole – genome prediction：application to a maize multienvironment trial [J]. Crop Science, 56 (5)：2141–2156.

D FÈ, ASHRAF B H, PEDERSEN M G, et al., 2016. Accuracy of genomic prediction in a commercial perennial ryegrass breeding program [J]. The plant genome, 9 (3).

DUDLEY J W, JOHNSON G R, 2010. Epistatic models improve between year prediction and prediction of testcross performance in corn [J]. Crop science, 50 (3)：763–769.

FRANK T, MESSINA C D, RADU T L, et al., 2015. Integrating crop growth models with whole genome prediction through approximate bayesian computation [J]. Plos one, 10 (6)：e0130855.

HENG, SUN, MINGHUI, et al., 2019. Genome – wide association mapping of stress–tolerance traits in cotton [J]. The crop journal, 7 (1)：79–90.

JABBAR B, IQBAL M S, BATCHO A A, et al., 2019. Target prediction of candidate miRNAs from *Oryza sativa* for silencing the RYMV genome [J]. Computational biology and chemistry, 83：107127.

JACOBSON A, LIAN L, ZHONG S, et al., 2014. General combining ability model for genomewide selection in a biparental cross [J]. Crop science, 54 (3)：895.

KHAN M R, 2020. Genome – wide identification and expression analysis of SnRK2 gene family in mungbean (*Vigna radiata*) in response to drought stress [J]. Crop and pasture science：71.

LIAN L, JACOBSON A, ZHONG S, et al., 2015. Prediction of genetic variance in biparental maize populations: genomewide marker effects versus mean genetic variance in prior populations [J]. Crop science, 55 (3): 1181.

MANISH R, ABHISHEK R, DAS R R, et al., 2016. Genome-enabled prediction models for yield related traits in chickpea [J]. Frontiers in plant Science, 7: 1666.

MASSMAN J M, JUNG H, BERNARDO R, 2013. Genomewide selection versus marker-assisted recurrent selection to improve grain yield and stover-quality traits for cellulosic ethanol in maize [J]. Crop science, 53 (1): 58-66.

MATIAS, FI, GALLI, et al., 2017. Genomic prediction of autogamous and allogamous plants by snps and haplotypes [J]. Crop science, 57 (6) (-): 2951-2958.

MCELROY M S, NAVARRO A, GUILIANA M, et al., 2018. Prediction of Cacao (*Theobroma cacao*) resistance to *Moniliophthora* spp. Diseases via genome-wide association analysis and genomic selection [J]. Front plant, 9: 343.

MESSINA C D, TECHNOW F, TANG T, et al., 2018. Leveraging biological insight and environmental variation to improve phenotypic prediction: Integrating crop growth models (CGM) with whole genome prediction (WGP) [J]. European journal of agronomy: S1161030118300078.

MOSS T Y, CULLIS C A, 2012. Computational prediction of candidate miRNAs and their targets from the completed Linum ussitatissimum genome and EST database [J]. Journal of nucleic acids investigation, 3 (1).

PAZHAMALA L T, KUDAPA H, WECKWERTH W, et al., 2021. Systems biology for crop improvement [J]. The plant genome, 14 (2).

READ A C, MOSCOU M J, ZIMIN A V, et al., 2019. Genome assembly and characterization of a complex zfBED-NLR gene-containing disease resistance locus in Carolina Gold Select rice with Nanopore sequencing [J]. Cold spring harbor laboratory (1).

REYESVALDES M H, 2000. A model for marker-based selection in gene introgression breeding programs [J]. Crop science, 40 (1): 91-98.

ROY J, SINGH A, SHARMA M, et al., 2014. Genome wide selection and geno-typing by sequencing for crop improvement ［C］ //National symposium on advances in biotechnology for crop improvement.

SINGH V K, UPADHYAY P, SINHA P, et al., 2011. Prediction of hybrid performance based on the genetic distance of parental lines in two-line rice (*Oryza sativa* L.) hybrids ［J］. Journal of crop science and biotechnology, 14 (1): 1-10.

TECHNOW F, SCHRAG T A, SCHIPPRACK W, et al., 2014. Genome properties and prospects of genomic prediction of hybrid performance in a breeding program of maize ［J］. Genetics, 197 (4): 1343-1355.

WHITE J W, PORTER C H, HOOGENBOOM G, 2013. Managing phenotypic data for use in crop simulation: lessons from the ICASA standards ［C］ //International plant and animal genome conference XXI 2013.

第八章　基于分子标记和基因组数据的基因型设计技术研究

第一节　研究现状

在 20 世纪的生物技术领域，对 DNA 作为核心遗传物质的认识和研究驱动了遗传育种技术的巨大进步。时至今日，在水稻、小麦、玉米等多种作物中，基因型已经成为育种家最重要的选择对象。在数据驱动的计算育种时代，当务之急是解决全基因组和分子标记数据的计算问题，从而为全基因组选择育种和分子标记辅助育种提供支撑，助力育种家进行更精确的基因型设计。

一、分子标记辅助育种发展现状

如何提高选择效率是育种工作的关键。传统的育种方式主要是通过对作物表型进行选择，然而植株生长环境、基因之间相互作用以及基因型与环境之间互作等不确定因素，都会对表型选择造成影响。例如，作物抗病性的鉴定会受到发病条件、作物本身生长状况、不同评价标准及不同研究人员的影响，最终会对相同材料得出不同结论。因此，在培育需要长时间投入的重要优良品种时，低育种效率可能会导致更大的损失。

由于分子选择育种的出现，科研工作者可以直接选择表型，从而避免了传统育种中的许多干扰因素对育种效率的影响。分子选择育种主要可以包括前景选择和背景选择两大类。前景选择主要基于基因定位和 QTL 作图，由标记与目标基因之间的连锁程度决定其可靠性，当标记基因和目标基因紧密连锁时，可以明显提高标记辅助育种的准确性。背景选择则主要依赖于对育种材料间的遗传距离和亲缘关系进行分析，主要涉及遗传背景的恢复。当前，最重要的分子选择方法是分子标记辅助育种。分子标记辅助育种是通过与目标基因紧密连锁的分子标记，筛选出具有特定基因型的个体，再利用传统育种技术方法筛选并培育出优良品种。通常此方法需要进行 QTL 作图以及基因定位。

MAS 回交育种和 MAS 聚合育种，是最典型的两种分子标记辅助育种方法。MAS 回交选择，在作物的抗逆与品质育种研究领域中已经得到大规模使用。在回交实验中，为了选择的植株和受体材料的一致性，除了筛选目标的 QTL 以外，还需要进行背景选择，最少选择 200 个覆盖全基因组的标记进行。其中，朱映东等用表现型为纯和香型水稻与表现型为非香型巨胚水稻进行杂交实验得到子代，并通过自交得到 F2 后，利用识别香味基因特异位点的限制性内切酶进行选择纯和香型基因，然后进行连续自交，在 F8 得到香型巨胚水稻品系 3 个。Singh 等使用微卫星标记进行了耐盐水稻品种相关的 QTL 绘制，Mondal 等使用 MAS 改良了耐盐水稻品种。MAS 聚合育种即分子标记辅助轮回选择。利用分子标记方法对一些性状进行筛选，将分散在不同种质的有利基因聚合到同一基因组中。一般来说，首先聚合重要的性状以及需要进行改良的性状，再将每代中表现型好的植株进行互相杂交，然后在这些后代植株中选出优良的单株。在作物抗病虫育种中，使用 MAS 聚合多个抗病基因，对提高品种的病虫害持久抗性有非常重要的意义。

二、GS 育种发展现状

分子标记辅助选择作为作物遗传改良中一种具有高效率、高准确率的方法，已经在质量性状和单个基因控制的数量性状改良中得到广泛应用，但在一些相对复杂的数量性状改良的应用上依旧遇到一些难题。全基因组选择方法则成功解决了分子标记遇到的瓶颈。通过提升标记范围和密度，全基因组选择分子育种技术在数量性状改良上可以大大提高效率，降低成本。

全基因组选择利用覆盖了整个全基因组的分子标记，获取全面的变异信息，从而高精度地预测育种值。该方法的显著优势在于能够直接利用显著性差异不明显的分子标记，对植物育种具有极其重要的意义。通过考虑多个基因位点的综合影响，全基因组选择显著提升了选择效率，使得育种过程比传统方法更快捷，选择增益更高。它还减少了对中间试验群体的依赖，有效降低了育种成本。此外，全基因组选择通过计算机模拟预测育种结果，进一步优化了育种效率，能够快速筛选出具有优良性状的个体，大大缩短了育种周期，这对于改良作物的高产、抗病、抗逆等关键性状至关重要。自 VanRaden 等首次在动物育种中应用全基因组选择以来，Bernardo 等也展示了其在植物育种中的可行性。当前研究表明，通过分析作物个体的基因型和不同密度的标记数据，可以对产量、抗性等重要性状进行有效预测。

然而，全基因组辅助育种的准确性受到群体大小、标记数量等因素的影响。例如，Windhausen 等对收集的 255 份玉米系列进行分群并测试，发现预测能力几乎为零，这说明群体结构对预测准确性有着决定性的影响。在进行群体预测时，如果没有考虑其他群体的标记效应，预测能力将大大降低。因此，在全基因组选择中，群体结构对于提高预测准确率至关重要。

近几年，随着水稻、玉米、小麦、芝麻等作物全基因组测序的逐渐完成，选择对象由简单的质量性状逐渐发展为复杂的数量性状。Spindel 等在对 300 多株水稻进行全基因组关联分析后，通过 7 万多标记进行预测，发现得到的数据都能够达到较高精度。Zhang 等在关于全基因组选择精度的对比实验中，使 19 个不同密度的热带玉米在不同的环境中进行种植培养，并对这些双亲群体性状进行比较，发现只有使用高密度标记才能满足复杂数量性状预测的精度需求。

第二节　未来发展趋势

未来基因型设计将呈现出直接化、智能化、基础化的发展趋势。目前经过系统研究和整理，判断未来将会出现以下趋势。

一、从间接设计转向直接设计

可以看到，育种以及计算育种的发展历史，就是选择目标越来越直接、越来越精准的过程。从最初的通过表型间接设计，到通过标记辅助设计，再到直接对基因型进行设计，都表明了该趋势。未来，将逐步从设计某些基因组，进一步发展到对整个全基因组的设计，从而实现对目标基因型的直接获取。

二、人工智能发挥重要作用

人工智能技术的大爆发，将为基因型设计的智能化提供工具。第一，人工智能在预测基因时空表达特异性、转录因子的结合、染色体重组位点以及各种表观遗传印记等基因型设计领域均有广泛应用。第二，在未来的研究中，或许可以借助神经网络模型预测变异的结果，从而进行计算机模拟基因组 DNA 序列的虚拟诱变。然后，可以从这些预测结果中选择符合的变异序列进行实验验证，以此达到降低成本进行定点定向设计育种的目的。第三，应该充分利用人工智能模拟来

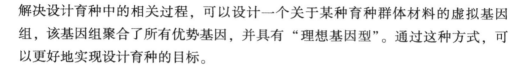

解决设计育种中的相关过程，可以设计一个关于某种育种群体材料的虚拟基因组，该基因组聚合了所有优势基因，并具有"理想基因型"。通过这种方式，可以更好地实现设计育种的目标。

三、合成生物学逐步担纲

近年来，合成生物学日益重要。利用合成生物学技术，不仅可以对作物的产量及营养品质性状进行精准的改良和优化，还有望将作物改造成高价值的植物天然产物生产工厂，以满足人们更多的需求。在未来的育种 4.0 阶段，合成生物学将逐渐应用于实际，并为未来更长远的育种技术革命奠定基础。合成生物学是一门综合学科，汇集了生物学、基因组学、工程学和信息学等多个领域的知识。其技术路径主要是运用系统生物学和工程学原理，以基因组和生化分子合成为基础，综合运用生物化学、生物物理和生物信息等技术，旨在设计、改造、重建生物分子、生物元件和生物分化过程，构建具有生命活性的生物元件、系统及人造细胞或生物体。从广义上讲，合成生物学是通过将基因工程、系统生物学、计算机工程等多学科作为工具，根据特定需求进行设计，乃至合成生物体系。这项创新研究必将推动育种领域的改革发展，无论是对经济的发展还是对社会的进步都有深远的影响。

第三节　基因型设计方法

一、分子标记数据处理

1. 分子标记的选择

分子标记作为育种研究中极其重要的工具，有效地连接了表型与基因型的变异。然而，并非所有分子标记都同样有效。一个优秀标记的特征主要取决于目标植物群体的组成、规模及群体中的基因多样性。因此，选择合适的分子标记时，关键在于能够获取足够准确的数据。根据前人研究，选取分子标记应遵循几个标准：首先，可靠性，即标记应非常接近目标基因位点，如果多个标记聚集于一个位点或基因，使用这些标记能够优化研究结果；其次，高度的多态性，标记应能区分不同基因型并在基因组中均匀分布；再次，分子标记技术应简单、经济且快速；最后，分析应只需很少的遗传材料。依据这些准则，现行的分子标记技术大

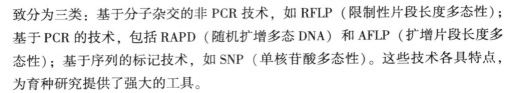

致分为三类：基于分子杂交的非 PCR 技术，如 RFLP（限制性片段长度多态性）；基于 PCR 的技术，包括 RAPD（随机扩增多态 DNA）和 AFLP（扩增片段长度多态性）；基于序列的标记技术，如 SNP（单核苷酸多态性）。这些技术各具特点，为育种研究提供了强大的工具。

2. 不同分子标记数据的特征和处理

不同分子标记数据分析方法有所区别，但是总体上主要需要进行以下分析步骤：第一步是进行条带数据的解读和量化，将电泳产生的图像照片进行定性和量化；第二步是进行数据处理和分析，将条带所表征的多态性，计算转化为遗传水平的基因多态性。这两个步骤是分子标记研究中至关重要的，为后续的遗传多样性评估和育种决策提供了基础。

二、GS 数据处理

全基因组选择分为 3 个步骤：第一步，需要估计出每个标记的育种值，根据训练群体的表型鉴定和全基因组分子标记数据建立预测模型；第二步，根据相同的分子标记预测其他材料的育种值；第三步，根据上述步骤中预测的育种值进行筛选。根据前人研究，在整个过程中有多个关键因素需要考量。首先，分子标记应遍布整个基因组，除了某些特殊位点外应确保每个基因区域至少有一个与之连锁不平衡的标记，而标记在基因组中的分布数量则由连锁不平衡（LD）衰减的程度来决定。其次，训练群体的规模需具有代表性，且足够大，以涵盖与目标性状亲缘关系密切相关的材料和预测群体的亲本，进行多代模拟是确保全基因组选择结果精确可靠的关键。再次，准确估计标记效应至关重要。由于标记效应的强度直接影响全基因组选择模型统计方法的准确性，所以对标记效应进行精确评估对优化选择结果极为重要。最后，需要考虑性状的遗传力，即该性状在后代中稳定遗传的程度。理解性状的遗传力有助于更好地评估选择效果并制定育种策略。鉴于遗传力较低的性状会降低育种值估计的准确性，要提高这些性状估计值的准确性和精度，必须增加模拟群体的规模。

三、基因水平生物元件设计方法

由于合成生物学的发展，育种也逐步开始了基因水平生物元件设计的探索。目前，数据驱动的生物元件设计方法应依赖于对已有元件结构和功能数据的提取与泛化。第一，收集已有的生物元件，主要可通过美国麻省理工学院构建的标准生物元件登记库；第二，根据现有元件的不同性能，提取其序列特征，在目的作物中进行序列搜索，寻找潜在元件；第三，通过已知元件设计训练模型，并应用于潜在元件的评价；第四，使用结构预测模型，预测潜在元件的动力学特征和功能；第五，对潜在元件进行修饰和优化，从而形成新元件，并进行后续验证；第六，基于新元件，结合育种材料自身基因型，设计新基因型。

参考文献

郭丹丹，袁凤杰，郁晓敏，等，2019. 基于重测序的籽粒型和鲜食型大豆的全基因组变异分析［J］. 分子植物育种，17（22）：7.

郭瑞，2020. 提高玉米籽粒锌含量的全基因组选择技术研究［D］. 沈阳：沈阳农业大学.

林学杰，陈秋强，2021. 基于 MAS 仿真的畜禽养殖污染治理政策研究［J］. 当代畜禽养殖业（2）：39-42.

刘小刚，2018. 玉米产量相关性状的全基因组选择［D］. 北京：中国农业科学院.

马岩松，刘章雄，文自翔，等，2018. 群体构成方式对大豆百粒重全基因组选择预测准确度的影响［J］. 作物学报，44（1）：43-52.

邱树青，陆青，喻辉辉，等，2018. 水稻全基因组选择育种技术平台构建与应用［J］. 生命科学，30（10）：1120-1128.

任源，王佐惠，吴江，等，2019. 全基因组选择及其在玉米育种中的研究进展［J］. 种子科技，37（13）：4.

石英尧，马赛，曾威，等，2021. 后基因组时代基于选择导入系的水稻设计育种策略［J］. 中国农业科技导报，23（11）：11.

孙琦，李文兰，陈立涛，等，2016. 植物全基因组选择技术的研究进展及其在玉米育种上的应用［J］. 西北植物学报，36（6）：9.

唐友，郑萍，王嘉博，等，2018. 对比 Bayesian B 等多种方法的大豆全基因组选择应用研究［J］. 大豆科学，37（3）：6.

王宝宝，林泽川，李鑫，等. 现代玉米育种过程中的全基因组选择与遗传改良［C］//中国作物学会. 第十九届中国作物学会学术年会论文摘要集：24.

王俊，于军，汪建，等，2003. 基于全基因组序列的水稻基因组系统研究［J］. 世界科技研究与发展，25（6）：7.

王欣，孙辉，胡中立，等，2018. 基因组选择方法研究进展 [J]. 扬州大学学报，农业与生命科学版，39（1）：7.

吴永升，邵俊明，周瑞阳，等，2012. 植物数量性状全基因组选择研究进展 [J]. 西南农业学报，25（4）：5.

周玲，熊威，胡俏强，等，2021. 基于温带和热带玉米群体全基因组选择和杂种优势候选位点的鉴定 [J]. 江苏农业科学，49（4）：8.

BEGUM H, SPINDEL J E, LALUSIN A, et al., 2015. Genome-wide association mapping for yield and other agronomic traits in an elite breeding population of tropical rice (*Oryza sativa*) [J]. Plos one：10.

BENNETT, RA, SEGUIN-SWARTZ, et al., 2012. Broadening genetic diversity in canola using the c-genome species *Brassica oleracea* L. [J]. Crop science, 52（5）：2030-2039.

BERNARDO R, 2010. Genomewide Selection with Minimal Crossing in Self-Pollinated Crops [J]. Crop science, 50（2）：1-4.

CASADEBAIG P, DEBAEKE P, 2011. Using a crop model to assess genotype-environment interactions in multi-environment trials [C] //System approaches to crop improvement.

COMBS E, BERNARDO R, 2013. Genomewide selection to introgress semidwarf maize germplasm into U. S. corn belt inbreds [J]. Crop science, 53（4）：1427-1436.

EIJK M, 2014. Next-Generation Sequencing Applications for Crop Improvement [C] //International plant & animal genome conference Asia.

GREGORY, L, BERGER, et al., 2013. Marker-trait associations in virginia tech winter barley identified using genome-wide mapping [J]. Theoretical & applied genetics.

J BAI, F SUN, M WANG, et al., 2018. Genome-wide analysis of the MYB-CC gene family of maize [J]. Genetica, 147.

LIGHTFOOT D A, KASARLA P, POLA N, 2013. Genome wide locus interactions underlie crop improvement in soybeans [C] //International plant and animal genome conference XXI.

NYINE M, UWIMANA B, BLAVET N, et al., 2018. Genomic prediction in a multiploid crop：genotype by environment interaction and allele dosage effects on predictive ability in banana [J]. Plant genome, 11 (2) .

PETERS J L, CNOPS G, NEYT P, et al., 2004. An AFLP - based genome - wide mapping strategy [J]. Theoretical and applied genetics, 108 (2): 321-327.

ROY J, SINGH A, SHARMA M, et al., 2014. Genome wide selection and genotyping by sequencing for crop improvement [C] //National symposium on advances in biotechnology for crop improvement.

SUKUMARAN S, REYNOLDS M P, LOPES M S, et al., 2015. Genome-wide association study for adaptation to agronomic plant density: a component of high yield potential in spring wheat [J]. Crop science, 55 (6) .

VALLEJOS C E, 2012. Development of gene-based crop simulation models to predict crop phenotypes using genotype and environmental data [C] // International plant & animal genome conference XX.

VALLEJOS C E, 2014. Connecting the phenotype to the genotype through crop simulation models [C] //International plant and animal genome conference XXII. 0.

WANG J, WAN X, LI H, et al., 2007. Application of identifed QTL-marker associations in rice quality improvement through a design - breeding approach [J]. Theoretical and applied genetics, 115 (1): 87-100.

XIAO W M, SUN D Y, WANG H, et al., 2014. MAS breeding for rice accessions showing resistance to blast and bacterial blight [J]. Acta agriculturae boreali-sinica, 29 (1): 203-207.

YANG G, CHEN S, CHEN L, et al., 2019. Development and utilization of functional KASP markers to improve rice eating and cooking quality through MAS breeding [J]. Euphytica, 215 (4) .

YANG Y J, ZHANG S K, TENG H S, et al., 2010. Use of molecular marker-assisted selection (MAS) in corn breeding with double recessive sweet - waxy gene [J]. Guangxi agricultural sciences: 1-3.

ZHANG T Z, 2002. Molecular tagging of fiber quality and yield QTLs and their MAS breeding in China [J]. Cotton science (S1): 1.

ZIS A, MUSS A, SMEA B, et al., 2020. The scope of transformation and genome editing for quantitative trait improvements in rice [J]. Advancement in crop improvement techniques: 23-43.

第九章 基于基因组数据的遗传转化和基因编辑体系辅助设计技术研究

第一节 研究现状

一、遗传转化育种研究现状

遗传转化，也被称为"转基因"。转基因目前在育种上发挥双重价值：一方面，随着转基因技术的成熟和国家政策的逐渐放开，转基因作为导入外源基因以获取目的基因型材料的手段日益重要；另一方面，转基因也是服务基因功能挖掘，探索分子机制的重要技术方法。

1. 转基因育种已至技术临界点

（1）转基因作物种植现状

自从 1983 年获得第一株转基因烟草以来，已经有 44 个科的 160 多种植物转基因获得成功。同时，1996 年转基因作物已经开始进行商业化种植，截至 2013 年，资料显示转基因作物种植面积已经基本稳定。据预计，我国 2025 年转基因作物种植面积可达 800 万公顷，约达美国的 1/10。

（2）我国转基因育种发展情况

虽然我国之前因政策限制而使转基因作物品种商业化受限，但是育种家们未雨绸缪，积累了丰富的技术储备。

转基因抗虫棉是我国当前最成功的转基因作物。从 1996 年开始，我国启动了 863 计划，旨在通过基因工程的方法解决棉铃虫问题。以中国农业科学院生物技术研究所郭三堆研究员为代表的一大批科研人员，进行了科研攻关。1997 年，我国开始引入和种植美国转基因抗虫棉。然而此举引起了美国等跨国公司对我国棉花种子市场的强烈关注，迅速抢占了我国 95% 以上的抗虫棉市场份额。为了打破这种被动局面，我国的科学家们加快了研发步伐，经过近 10 年的努力，我国转基因抗虫棉研究取得了突破性进展。1999 年，国产抗虫棉通过安全评价，并在河北、河南、山西、山东、安徽等 9 省区得到推广。这打破了由美国抗虫棉垄断我国 95% 市场份额的局面。目前，国产抗虫棉对棉铃虫、红铃虫、卷叶虫等鳞翅目害虫具有显著抗性。

我国在转基因水稻领域有深厚的研究储备，研究始于 20 世纪后期，并且已经取得了显著的进展。例如，云南大学胡凤益团队在国际学术期刊 *Science* 上公布了关于多年生稻的研究突破，为解决全球食品安全问题提供了新的思路和方法。此外，我国还成功利用基因编辑技术大幅提升了水稻对除草剂的抗性，解决了如何在不整合人工合成 DNA 的前提下，大幅"敲高"两个目标基因表达的问题，对优化转基因水稻研发具有重要的参考价值。这些研究成果不仅推动了我国转基因水稻的基础研究和应用发展，也为全球转基因技术的发展作出了贡献。

在其他转基因作物方面，中国农业科学院深圳农业基因组研究所等机构合作研发出全球首批高抗氧化性的番茄新品种。这些新品种的抗氧化能力是普通番茄的 3~4 倍，对于改善人们的饮食健康具有重要意义。此外，甜椒也是我国转基因研究的重要领域。华南农业大学的研究团队利用 CRISPR/Cas9 基因编辑技术，成功地改变了甜椒的某些性状，如提高其抗病性和延长其保鲜期。

2. 转基因方法挖掘分子机制在当前发展迅速

目前，基于遗传转化服务缺失、互补和过表达植株，已成为最快速验证基因功能的方法，并为绝大多数作物遗传机制研究者所采纳。尤其是在作物中通过转基因方法构建各类突变，无需经过伦理学审查，这更促进了技术的快速推广和应用。

瞬时表达系统的研究。瞬时表达是一种将外源基因导入细胞的技术，其特点是不需要整合到染色体上，也不需要筛选和产生可稳定遗传的后代。与传统的稳定表达相比，瞬时表达具有简单、快速、周期短、效率高、生物安全性强等优点。因此，在分子生物学研究中，该技术被广泛应用于外源基因的表达和亚细胞定位等方面。我国科学家利用烟草叶片构建瞬时表达体系，先后研究了小麦、玉米等多种作物中的重要基因遗传机制。

稳定表达系统的研究。相较于瞬时表达，稳定表达需要受体作物能够稳定遗传和表达外源基因，成本高，周期长。但是稳定表达相较于瞬时表达，能够更全面地研究分子机制，因此，近年来也广为应用。例如，Lu 等为研究富含亮氨酸的受体蛋白激酶 BIK1（botrytis-introduced kinase 1）的功能，构建了水稻 BIK1 的稳定过表达植株，并发现了过表达 BIK1 可以使后代对稻瘟病的抗性得到显著提高。石磊等构建了小麦 WOX 的过表达转基因植株，验证了该基因对小麦遗传转化效率的影响。此外，在近年来发表的其他重要分子机制相关工作中，也能普遍性看到相关研究内容。

3. 转化体系是遗传转化的技术基础

目前，遗传转化依赖于成熟的转化体系，只有保证外源基因能够高效率地导入和表达，才能满足后续要求。对转化体系的优化和灵活设计的途径主要分为两种：一种是直接转化法，主要包括花粉管通道法、基因枪法等；另一种是间接转化法，主要包括农杆菌介导法等。

花粉管通道法，是一种生物技术方法。该方法在 20 世纪 80 年代初由我国学者周光宇首次提出，主要应用于转基因植物的构建。在植物开花和受精过程中，利用自然形成的花粉管通道，将含有目标基因的 DNA 溶液注射到子房中，进而将外源 DNA 导入受精卵细胞。中国农业科学院郭三堆等利用花粉管转化法获取了转基因抗虫棉。花粉管法纯合快，但仅能在开花结实作物的花期进行实验，因此，一般只用于形成转基因品种，不用于验证遗传机制。

基因枪法，又称微弹射击法，是一种将外源基因导入植物细胞的生物技术。其工作原理是利用动力系统将包裹着基因的金属颗粒（如钨弹）高速射入植物细胞。在射击过程中，金属颗粒会穿透细胞壁和原生质体膜，为外源基因进一步整合到基因组提供可能。此外，金属颗粒的动能可以使 DNA 均匀地分布在靶细胞中。值得一提的是，基因枪法是继农杆菌介导法之后应用最广的遗传转化技术，并在禾谷类作物转基因中得到了广泛应用。然而，尽管此方法操作简单且转化效率较高，但由于其需要使用高压气体加速器等设备，因此，在实施过程中可能需要专门的实验室设施和技术人员。基因枪法成本高、操作复杂、对仪器设备设施要求高，因此，在能够使用农杆菌的作物上，基因枪法往往不会作为首选方法。

农杆菌介导的转化方法中使用的是革兰氏阴性菌——根癌农杆菌。农杆菌的 Ti 质粒或 Ri 质粒上有一段可以移动的 DNA 序列（又称 T-DNA），该序列可以在植物侵染过程中直接插入植物的基因组，达到其携带目的基因在植株中顺利表达的目的。T–DNA 中最重要的就是 T 区两端长约 25 bp 的重复序列，是 T–DNA 转移的前提，在两端序列之间的就是细胞分裂素和生长素合成基因及冠瘿碱合成基因。由于 T–DNA 可以进行高频转移，且在 Ti 质粒或 Ri 质粒上可以导入 50 bp 的大片段，因此，成为植物基因转化的理想载体系统。农杆菌介导法最初主要应用于双子叶植物的遗传转化研究。在感染过程中，携带外源基因的质粒进入宿主细胞，并通过重组整合到受体细胞的染色基因组上。如果感染点能够产生愈伤组织，那么就有可能通过进一步分化得到具有外源基因的再生植株。近年来，农杆菌介导的转化方法在单子叶植物中也有应用。1999 年夏光敏等使用此方法得到了正常的转基因小麦，标志着农杆菌转化法在单子叶植物实验上取得了显著的进展。在适当的转化体系下，农杆菌介导的遗传转化同样适用于单子叶植物。由于农杆菌操作简单、对仪器设备要求低、成本低、转化效率高，所以往往作为单子叶植物中遗传转化的首选方法。

二、基因编辑育种研究现状

基因编辑技术的 3 种典型工具为 CRISPR、TALENs 和 ZFN。TALENs 和 ZFN 都是通过蛋白质与 DNA 的相互作用来切割 DNA，从而实现对目标基因的编辑。然而，这两种技术的操作过程相对复杂，成本较高，限制了它们在基因编辑中的广泛应用。相较于 TALENs 和 ZFN，CRISPR 技术具有明显的优势，它可以更精准地定位到基因组上的特定位置，实现对目标基因的添加、删除或替换等操作。

1. CRISPR 编辑育种

CRISPR 编辑育种技术已广泛应用在各个领域，特别是在植物基因功能研究和作物遗传改良方面具有重要应用价值。例如，在水稻中引入一个抗虫基因，可以使水稻具有更强的抗虫能力；在小麦中删除一个导致穗粒数减少的基因，可以提高小麦的产量。此外，CRISPR 编辑育种技术在很多作物科研以及对作物驯化的应用中都发挥了重要作用。这种技术不仅可以提高作物的产量和品质，还可以增强作物的抗逆性，如抗旱、抗病、抗虫等。因此，CRISPR 编辑育种技术对于培育高产优质且抗逆性强的农作物品种具有重要意义，为实现快速育种提供了可能。

2. TALENs 编辑育种

TALENs 是一种基因编辑技术，通过切割 DNA 双链来改变目标基因的序列。这项技术在植物遗传改良方面具有广泛的应用前景，可以用于提高作物的抗病性、抗虫性、耐逆性和产量等性状。除了应用于常见的拟南芥、水稻、棉花等作物外，TALENs技术还适用于其他许多植物种类。TALENs技术在油菜遗传改良方面的应用主要集中在提高油脂含量、降低芥酸含量和改善脂肪酸组成等方面；研究人员已经利用TALENs技术研发出了具有高抗氧化物质含量的番茄品种。

3. ZFN 编辑育种

ZFN技术主要包含两种模式：ZFN-1和ZFN-2。这两种模式的设计原理相似，都是通过将锌指蛋白与目标基因的DNA序列结合，然后由核酸酶发挥切割作用，实现对靶位点的定点编辑。ZFN编辑育种技术是一种基因定点修饰技术，主要应用于转基因动植物模型的构建、基因治疗及转基因育种等。其中ZFN-1模式以植物烟草为主，ZFN-2主要应用于带有突变基因GUS植株和拟南芥。

第二节　未来发展趋势

随着政策的进一步放开以及技术的进一步成熟，未来遗传转化和基因编辑在育种中的重要性将进一步提升。未来，遗传转化和基因编辑育种将会呈现出以下趋势。

一、高效精准转化将日益重要

农杆菌介导法和基因枪法都是通过将外源基因随机插入到植物基因组中来实现转基因。然而，由于这些方法的不确定性，可能会导致基因沉默或无法预测的表达模式情况发生。因此，筛选出具有期望表达水平的稳定转基因株系是一项繁重任务，所以为了确保转化体系的高效和稳定，必须采取一系列措施来提高阳性苗的比例。

二、基因编辑将逐渐成为一线首选技术

当前消费者对于转基因技术仍有不少顾虑，但是CRISPR技术的出现使最终的转基因产品中没有引入外源DNA、选择标记基因或相同植物物种的基因，这一方法可以有效降低消费者的一些顾虑，慢慢使消费者逐渐接受转基因相关产品，而这也将为新作物品种的研发开拓出新的发展空间。已有的研究趋势显示，基因编辑可以提高在科研中发现新基因以及优良性状的效率，并且在未来科研中发挥更重要的作用。

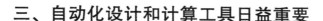

三、自动化设计和计算工具日益重要

未来，由于遗传转化和基因编辑体系将会进一步扩大应用范围，因此，在新材料中快速构建转化体系将会日益重要。传统纯人工构建和设计的方法技术门槛高，对人员素质有较高要求，可能成为体系瓶颈。因此，服务遗传转化和基因编辑体系快速构建的自动化设计和计算工具将会日益重要。

第三节　数据驱动的遗传转化和基因编辑体系辅助设计方法

一、遗传转化体系辅助设计

在设计遗传转化体系的过程中，需要根据实验数据进行复杂的分析，才能保证对参数实现优化和控制，确保成功率。

1. 基因枪体系的数据采集和计算优化

基因枪体系主要需要控制和设计的内容包括轰击参数和靶参数。为了优化轰击参数，首先需要进行实验设计。在实验中需要采集金属粒子的大小和种类、每枪轰击所使用的粒子数量、轰击时的气压值以及所用的真空度、轰击距离和每次轰击的次数等数据。靶参数应当优先采集目标作物组织形态、培养过程中关键外源激素添加水平、筛选标记等关键数据。随后，使用响应面法进行计算，获得最优体系。对于缺失部分实验数据的，则参照类似材料相关数据指导计算。

2. 农杆菌体系的辅助设计和优化

农杆菌转化体系需要控制的参数更多、更加复杂，一般需要控制的参数包括受体状态、侵染时间、农杆菌菌种、载体大小、抗生素处理时间等，设计实验难度较大，同时进行全部因素多水平的正交设计也较为困难。因此，依次通过控制变量的方法，首先获取受体梯度数据、侵染处理参数梯度数据等多个变量的梯度数据，然后使用多因素线性方程，计算多因素最佳参数。

二、基因编辑体系辅助设计

1. 构建 sgRNA 数据集

首先，准备相关作物的基因组文件，包括 FASTA 格式的基因组序列文件，以及 RefFlat 或 GFF 格式的基因组注释文件。随后使用 blast 或其他工具搜索所有可能带有 PAM（NGG）序列和 20-BP DNA 结合蛋白序列的 sgRNA，即 *N*20NGG 模式（*N*=任何核苷酸）。在搜索过程中，记录每个 sgRNA 的位置和链信息。随后使用 Bowtie 找出所有可能的脱靶序列（同时考虑 PAM=NGG，PAM=NAG），每个 sgRNA 包含至多 3 个 BP 的不匹配。对于每次设计，进行 1 对 sgRNA 的搜索，每个 sgRNA 包含多达 3 个 BP 的不匹配，偏移距离在-50~100 BP。

然后，从基因组注释文件中提取每个基因的位置信息。在进行基因编辑时，只考虑编码区（CDS），不考虑 UTR 区。将 3 KB 区域集中在 TSS 或基因 5′端感觉链上的细菌进行记录。对每一个 sgRNA，分析 sgRNA 序列特征（如 GC％含量）、相对于靶基因的位置或异构体和脱靶位点。

2. 通过评分进行筛选

针对不同的应用，采用不同的方法计算 E-score 和 S-score。

（1）使用核酸酶编辑的应用

对于作物来说，E-score 计算以 GC 含量为基础，结合 poly-T 序列与外显子定位进行计算。S-score 计算则是基于脱靶数来进行评估。根据 PAM=NGG 或 PAM=NAG 不匹配模式，对脱靶模型进行计算。

（2）使用内切酶编辑的应用

在 1 对 sgRNA 中，E-score 取两者中的最小值。而 S-score 计算则基于 sgRNA 对的脱靶数 OFF（a 和 b），其中 a 和 b 分别为配对中每个 sgRNA 的脱靶次数。最终，根据 E-score 和 S-score 即可实现对目标的筛选。

参考文献

陈赢男，胡传景，诸葛强，等，2022. 杨树农杆菌遗传转化研究 30 年 [J]. 林业科学，58（12）：114-129.

冯留锁，任帅，朱旭玲，等，2022. CRISPR/Cas9 基因编辑体系及其在作物育种中的应用 [J]. 河南科技学院学报（自然科学版），50（4）：1-9.

高珊，2022. 基因编辑技术在植物育种中的应用 [J]. 特种经济动植物（9）：177-178，194.

郭涛，沈任佳，王加峰，2023. 水稻基因遗传转化方法研究进展 [J]. 华南农业大学学报，44（6）：843-853.

侯兆武，2023. 农作物基因设计育种发展现状与展望［J］. 特种经济动植物，26（4）：192-194.

梁楚炎，巫明明，黄凤明，等，2024. 基因编辑及全基因组选择技术在水稻育种中的应用展望［J］. 中国水稻科学，38（1）：1-12.

吕彦，王平荣，孙业盈，等，2005. 农杆菌介导遗传转化在水稻基因工程育种中的应用［J］. 分子植物育种，3（4）：543-549.

欧阳宁，吴健，2023. 芳香族化合物合成生物学及在生物育种中的研究进展［J］. 华南农业大学学报，44（5）：679-689.

宋思，徐杰，赵霞，等，2023. 基因编辑技术在抗白粉病小麦育种中的研究进展［J］. 粮食与油脂，36（3）：13-16.

孙善君，李仕贵，朱生伟，等，2005. 植物遗传转化方法及其在棉花品质改良育种中的应用［J］. 分子植物育种，3（2）：233-239.

汪海，赖锦盛，王海洋，等，2022. 作物智能设计育种：自然变异的智能组合和人工变异的智能创制［J］. 中国农业科技导报，24（6）：1-8.

王茹萌，2020. 基于双基因遗传转化的稻瘟病抗病育种研究［D］. 广州：华南农业大学.

张斌，范仲学，柳絮，等，2006. 植物遗传转化技术及其在花生育种中的应用［J］. 安徽农业科学，34（16）：3905-3907.

张佳，王慧杰，何正权，等，2023. 农杆菌介导的籼稻 9311 和华占遗传转化体系的研究［J］. 中国水稻科学，37（2）：213-224.

结语和致谢

在本书中，简单介绍了数据驱动计算育种的发展背景、重要意义、技术脉络、体系框架，提出了一种数据驱动计算育种的体系设计。依据这种"数据-核心引擎-算子库-应用"组成的技术体系，能够实现对数据驱动计算育种的覆盖和支撑。此外，还针对多种数据驱动计算育种应用的技术方案进行了讨论和研究。

21世纪是生物的世纪，也是数据的世纪。未来，"IT+BT""数据+算法+应用"必将成为计算育种的重要发展道路。当然，随着技术的发展和时代的进步，将来也必然会有更加优秀的计算育种技术和思路，笔者也将持续为该领域添砖加瓦。

受限于笔者水平，本书部分内容可能难免有疏漏、不足之处，恳请各位读者批评指正。

感谢导师周国民研究员的指导，以及国家农业科学数据中心成员的支持和帮助。